iCShopping
DIY 零件 | 套件 | 工具

 ▶ www.iCShop.com

▶ iCShop-Maker軍火庫 零件社群

 創客萊吧
Maker Lab

 ▶ www.makerlab.tw

▶ 創客萊吧 MakerLab

TEL +886-7-5564686　81357 高雄市左營區博愛二路202號B1

New Taipei Mini
Maker Faire®

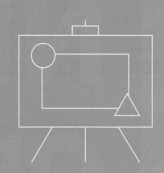

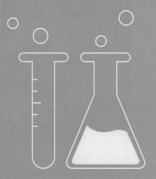

2016 新北
自造嘉年華
10/29-30
10:00-17:00

新北市政府大樓
&
— 市民廣場 —

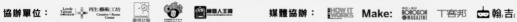

指導單位： 新北市政府 New Taipei City Government　主辦單位： 新北市政府勞工局　承辦單位： 新北市政府職業訓練中心 Vocational Training Center, New Taipei City Government　翰尼斯企業有限公司

贊助單位： THUNDER TIGER 雷虎科技　 ASUS IN SEARCH OF INCREDIBLE　 MEDIATEK labs　 RS　經濟部通訊產業發展與推動小組

協辦單位： Lovely Taiwan　再生藝術工坊 Creative + Reuse Center 夢想社區　　 機器人王國　媒體協辦： HOW IT WORKS　Make:　 ROBOCON MAGAZINE　丁客邦　 翰吉

CONTENTS

Storms Publishing Inc.

...SPECIAL SECTION
SUPER COMPUTERS
2016開發板指南

09
21

84

56   62

Damien Scogin

44

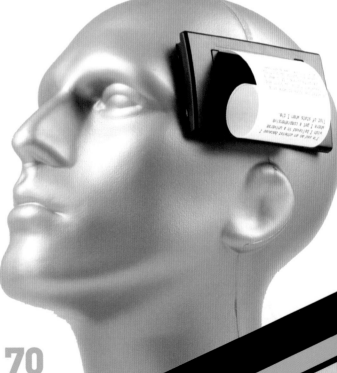

70

國家圖書館出版品預行編目資料

Make：國際中文版／MAKER MEDIA 編.
-- 初版. -- 臺北市：泰電電業，2016.9　冊；公分
ISBN：978-986-405-032-1　（第25冊：平裝）
1. 生活科技
400　　　　　　　　　　　　　　　　　105002499

EXECUTIVE CHAIRMAN
Dale Dougherty
dale@makermedia.com

CEO
Gregg Brockway
gregg@makermedia.com

＊

CFO
Todd Sotkiewicz
todd@makermedia.com

EDITOR-IN-CHIEF
Rafe Needleman
rafe@makermedia.com

＊

EDITORIAL

EXECUTIVE EDITOR
Mike Senese
mike@makermedia.com

PRODUCTION MANAGER
Elise Byrne

SENIOR EDITOR
Caleb Kraft
caleb@makermedia.com

TECHNICAL EDITORS
David Scheltema
Jordan Bunker

FEATURES EDITOR
Nathan Hurst

ASSISTANT EDITOR
Sophia Smith

COPY EDITOR
Laurie Barton

EDITORIAL ASSISTANT
Craig Couden

EDITORIAL INTERN
Lisa Martin

DESIGN, PHOTOGRAPHY & VIDEO

ART DIRECTOR
Juliann Brown

DESIGNER
Jim Burke

PHOTOGRAPHER
Hep Svadja

SENIOR VIDEO PRODUCER
Tyler Winegarner

VIDEOGRAPHER
Nat Wilson-Heckathorn

MAKEZINE.COM

DESIGN TEAM
Beate Fritsch
Eric Argel
Josh Wright

WEB DEVELOPMENT TEAM
Clair Whitmer
Matt Abernathy
David Beauchamp
Rich Haynie
Bill Olson
Ben Sanders
Alicia Williams

國際中文版譯者

Madison：2010年開始兼職筆譯生涯，專長領域是自然、科普與行銷。

王修聿：成大外文系畢業，專職影視和雜誌翻譯。視液體麵包為靈感來源，相信文字的力量，認為翻譯是一連串與世界的對話。

呂紹柔：國立臺灣師範大學英語所，自由譯者，愛貓，愛游泳，愛臺灣師大棒球隊，愛四處走跳玩耍曬太陽。

孟令函：畢業於師大英語系，現就讀於師大翻譯所碩士班。喜歡音樂、電影、閱讀、閒晃，也喜歡跟三隻貓室友說話。

屠建明：目前為全職譯者。身為愛丁堡大學的文學畢業生，深陷小說、戲劇的世界，但也曾主修電機，對任何科技新知都有濃烈的興趣。

張婉秦：蘇格蘭史崔克萊大學國際行銷碩士，輔大影像傳播系學士，一直在媒體與行銷界打滾，喜歡語言，對新奇的東西毫無抵抗能力。

敦敦：兼職中英日譯者，有口譯經驗，喜歡不同語言間的文字轉換過程。

潘榮美：國立政治大學英國語文學系畢業，曾任網路雜誌記者、展場口譯、演員等，並涉足劇場、音樂、廣播與文學界。現為英語教師及譯者。

謝明珊：臺灣大學政治系國際關係組碩士。專職翻譯雜誌、電影、電視，並樂在其中，深信人就是要做自己喜歡的事。

Make：國際中文版25
（Make：Volume 49）

編者：MAKER MEDIA
總編輯：顏妤安
主編：井楷涵
編輯：鄭宇晴
特約編輯：謝瑩霖、劉盈孜
版面構成：陳佩娟
部門經理：李幸秋
行銷主管：江玉麟
行銷企劃：吳宏文、李思萱、張以慈
出版：泰電電業股份有限公司
地址：臺北市中正區博愛路76號8樓
電話：（02）2381-1180
傳真：（02）2314-3621
劃撥帳號：1942-3543 泰電電業股份有限公司
網站：http://www.makezine.com.tw
總經銷：時報文化出版企業股份有限公司
電話：（02）2306-6842
地址：桃園縣龜山鄉萬壽路2段351號
印刷：時報文化出版企業股份有限公司
ISBN：978-986-405-032-1
2016年9月初版　定價260元

版權所有，翻印必究（Printed in Taiwan）
◎本書如有缺頁、破損、裝訂錯誤，請寄回本公司更換

Vol.26
2016/11
預定發行

www.makezine.com.tw 更新中！

下列網址提供本書之注釋、勘誤表與訂正等資訊。　makezine.com.tw/magazine-collate.html

掌控光之迷幻的大師
Master of the Esoteric

Rafe Needleman

文：雷夫·尼德曼，Maker Media主編　譯：潘榮美

你知道什麼東西最吸引我嗎？就是機器人。要製造一個機器人，需要駕馭多種跨領域的技巧，有時候甚至是毫不相關的技巧，舉凡機械工程、電力管理、位移控制、無線訊號遙控、電腦軟體等，族繁不及備載。我會鼓勵我兒子製作機器人，就是因為能廣泛學習許多技巧。

不過實際製作機器人的時候，才會發現哪些技巧可以搭配在一起，比方說，PlasmaBot的製作者韋恩·史托拉特曼（Wayne Strattman）就巧妙應用了一般人想像不到的學問。

2015年秋天，我在紐約世界Maker Faire會場遇到PlasmaBot和史托拉特曼。那天，我逛到專門展示照明相關專題的「暗房」；甫一進門，就看見一個七呎高、全身發光的電漿玻璃機器人。

PlasmaBot是個詭譎但美麗的作品，即使擺在史托拉特曼原有的驚世之作當中，仍然非常突出。史托拉特曼自學了許多冷門技藝，而且世上可能無人能出其右，他身兼專業玻璃吹製工匠及電漿氣體放電燈專家。在創造PlasmaBot之前，他就發明了Luminglas，就是《星艦迷航記VIII：戰鬥巡航》（Star Trek: First Contact）裡面出現過的氣體放電裝置，在世界各地的牆壁和咖啡桌上也很常見。

PlasmaBot不只在吹製玻璃中注入發亮的氣體，這些玻璃還被接合成可動關節，四肢用線吊起，掛在支架上，用一堆開關操控。

我這輩子還沒看過玻璃製發亮電漿牽線人偶，當中的工法根本是不同領域的技巧，到底有誰可以同時具備這些能力？我想之後應該遇不到第二個人了。

光管中的稀有氣體

我還想更加了解史托拉特曼的工作，以及他製作PlasmaBot的緣由，因此我前陣子去波士頓時，順道拜訪了他的工作室。

他的工作室有一個訂製的巨大燒窯（直徑四呎），我到的時候他正用燒窯跟一片圓形玻璃奮戰。可惜，玻璃還是破掉了。採訪途中，玻璃冷卻時發出不祥的劈哩啪啦聲，但我從他這裡得到的收穫卻超乎預期，像是如何讓稀有氣體發出螢光、如何開發新的方法使其發亮（這是他最鍾情的事，機器人偶只是順便）。

梅斯梅爾管（Mesmer Tube）就是他其中一個創作，這是一個長型玻璃圓筒，裡面裝了一點氖氣，圓管中還有一個包覆了一層磷的圓管，內管周圍有波浪狀的白色光線緩慢又任意地移動，類似熔岩燈（lava lamp）裡的蠟，讓你想不注意它也難。史托拉特曼解釋道，通常這種光線跳躍得太快，沒什麼觀賞的樂趣，所以他試著把管子用「電容接地」（capacitive ground）（又是第一次聽説）。就是這個！他發現這樣就能讓速度變慢。

PlasmaBot內部則是另一種氣體：氪氣，並保持僅七分之一大氣壓力。他另外混入微量的碘，以此比例混和後，就發出了明亮異常的藍色光芒。他説，這個特定的比例可是費盡千辛萬苦嘗試才得到的。

他不斷針對氣體進行實驗，試著改變輸入電量、壓力以及其他各種變項。有時結果非常順利，但有時候好景不常。有一次，他發現將氫與碘以某種比例混合，以60赫茲速度，施以5,000伏特直流電脈衝，就會發出明亮的翡翠綠。可惜20到30秒之後就轉變成黯淡的紫色。至今他還沒解開背後的謎團。

史托拉特曼在自己的領域已臻巔峰，卻仍持續嘗試和學習新技巧。氣體電漿雕塑的過程，也讓他接觸了機器人力學。他還沒有完全摸透這個新領域，卻顯得很高興。他真正的天賦，就是這種屬於工程師永無止盡的好奇心，以及藝術家特有的熱情，讓他從不停止創作。和他談話的過程，可以深深感受到，這個人永遠不會停止創作、停止學習。

Maker應該都是如此幸運的一群人吧！

MADE ON EARTH

綜合報導全球各地精采的DIY作品

跟我們分享你知道的精采的作品
editor@makezine.com

譯：敦敦

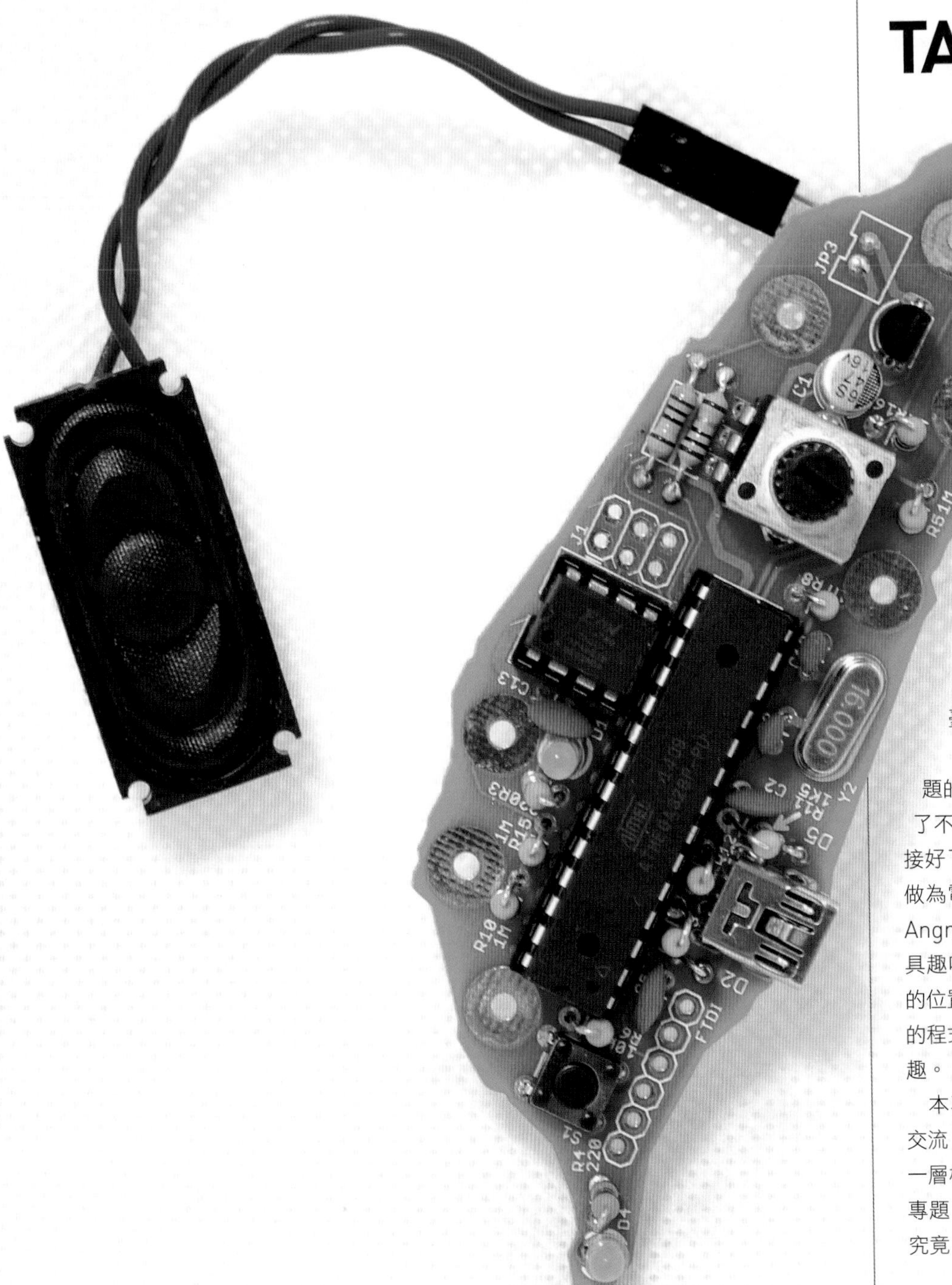

TAIWANDUINO
GITHUB.COM/WILL127534/TAIWANDUINO

在Maker Movement中，最重要的事情就是透過這股運動將熱愛Make的人們都聚集起來，其中最好的方式就是共同完成一項專題，並享受在其中彼此討論交流的樂趣。TaiwanDuino就是由臺灣社群共同完成的一項專案，主要設計者為臺灣Maker社群Openlab.Taipei中的成員黃偉峻與陳德宇，他們將Arduino中各項電子元件重新排列成如臺灣地形圖的樣式、並將臺灣各大都市位置以電阻進行標示、中央山脈則以Arduino的核心Atmega328P表示，設計出獨一無二的臺灣造型Arduino板。

社群在專案中除了扮演共同發想、打造專題的角色外，也在尋找較優質的電子元件上幫了不少忙，發揮協作精神來完成這項專案。焊接好TaiwanDuino元件後，只要按下板子四周做為電容觸控的開關，就會發出美國實況玩家Angrypug經典的「TAIWAN NO.1」聲音，頗具趣味。而TaiwanDuino上也預留了程式燒錄的位置，讓使用者們能夠自行燒錄自己覺得有趣的程式上去，使這塊開發板可以變得更多元、有趣。

本專案程式與相關資訊也以開源的形式進行交流，希望能透過更多人的力量讓這個專案更上一層樓，也期待能激發出更多意想不到的開發板專題。對本專題有興趣的讀者可上Github一窺究竟。

—趙珩宇

尖端玻璃 JACKSTORMS.COM

不像其他玻璃藝術家常將玻璃融化後吹製或塑型，傑克·史通斯（Jack Storms）喜歡他的玻璃更加冷酷。他在車床上冷卻素材。這除了需要更多的時間和專門技術，藝術家還需要發明一臺可冷卻工作的車床。這臺裝置的靈感來自於史通斯的家鄉：綽號為花崗岩州的新罕布夏州。當他看見花崗岩也可以進行車工時就想說，那麼玻璃呢？

史通斯從一塊大的水晶玻璃著手，先切割和磨製水晶玻璃，然後加入雙色玻璃上色。使用環氧樹脂將藝術品組合起來，外部再利用光學玻璃讓這個水晶體看起來像是在漂浮。

史通斯還同時應用了黃金比例和費波那契數列，讓獨特的藝術作品有了美麗且堅固的結構和外觀，這些作品包括紅酒瓶雕塑和命名為生命之蛋（ViviOvo）的水晶蛋。他仍持續改善製造過程工具，他表示：「我仍在苦思新車床的設計，所以我還能將這個藝術推得更遠。」

——妮可·史密斯

想像力調味

RACHELLEREICHERT.COM

以舊金山為基地的藝術家瑞秋·賴克特（Rachelle Reichert）不在手工藝品店或美術用品店中購買粗鹽，她直接從舊金山灣中取得粗鹽。在賴克特的工作室常用到水，她在高鹽度的水中雕刻鹽塊、在膠水中培植鹽的結晶體。她嘗試各種鹽和水的比例和不同粗糙程度的鹽，將一片鍍過鋅的鋼鐵放在一池鹽水中直到水分蒸發。鹽的結晶體與鋼鐵緊緊結合，漸漸腐蝕直到整個自身完全毀壞。當它掛在畫廊的牆上時，每天每天都會彎曲、移動跟改變。正是藝術品本身的化學構成造成它腐蝕和消失。「腐朽跟生長最終是一體兩面。」隨機過程是賴克特的設計哲學。她是這麼形容的：讓它去、釋放它，將它放置於一個我們可以觀察的形式中，分析它跟欣賞它。

——蘇菲亞·史密斯

Miguel Arzabe

聲風作浪 SPECIMENPRODUCTS.COM/DOUBLE-SPINNING-HORN-SPEAKER

Eric Futran

一臺轉動著雙角造型的懷舊唱機中蹦出波浪形的和音，整個空間彷彿出現都卜勒效應般，產生了不同層次的聲音。

當中的機械結構相當簡單，喇叭和慢速唱片轉盤都由伺服機和扁平的履帶帶動的，旋轉方向相同。喇叭架設在車工過的鋼軸上，而鋼軸依序安裝在圓錐滾子軸承與幅條支架上的設計，能確保氣流持續暢通。

「它是我幾何想像力的產物，」以芝加哥為基地的 Maker 伊恩‧史奈爾（Ian Schneller）說，「八角形的長笛形狀正好在設計上融合了視覺的美感。」

被稱呼為雙角旋轉喇叭的它，因為同時具備直觀又魔幻的神奇能力，機器內就像藏著一個樂器一般，引起了許多知名音樂人的興趣，包括了傑克‧懷特（Jack White）和安德魯‧博德（Andrew Bird）。人們因為博德透過這個喇叭第一次演奏而開始哭泣，博物館的觀眾在延長展覽的時間內逗留在展覽旁，甚至背靠在地板上，躺著聆聽樂曲。

「它會讓你沈澱，帶領你進入某個瞬間」，史奈爾說「它會使你忘我，因為真的會無法自拔。」

——蘇菲亞‧史密斯

GRIME FIGHTERS

汙染剋星

有一群DIY環保人士正
協助有關單位
監督汙染的清除和
破獲排放汙染者

文：班傑明・蕾爾斯　　　譯：屠建明

班傑明・蕾爾斯
Benjamin Preston
是少數在維吉尼亞州弗雷德里克斯堡Pep
Boys當過定位技師的記者之一，以及《紐約時
報》的汽車記者。除了《紐約時報》，他也為
《衛報》、BBC汽車新聞、《汽車與駕駛人》、
《Jalopnik》以及令他感到自豪的《彼得森四
輪與越野》雜誌撰寫文章。

Gowanus Low Altitude Mappers/Gowanus Canal Conservancy/Public Lab Aerial Mapping Program

在寧靜的黑夜中，紐約布魯克林的高恩努斯社區偶爾會出現一個特別的環保調查場景。一位中年男子和一位年輕女孩趴在人孔蓋旁把一條線纜伸入孔中。他們是艾蒙・迪亞哥（Eymund Diegel）和他的助手：女兒亞瑪拉（Amara），正在調查伏流的源頭。

為了查出真相，迪亞哥和13歲的亞瑪拉把一個二手的領夾式麥克風（電視訪問裡夾在衣服上的那種）垂降到人孔蓋下方。

他們用免費的iPhone應用程式記錄下方水流的音量。迪亞哥只在特定的人孔蓋進行監聽，但他的目標是在每個人孔蓋都取得每天每小時的讀數。

迪亞哥是非營利公民科學家聯盟的董事之一；此聯盟專門以開源的軟硬體查緝排放汙染者和其他環境破壞者。這個組織的聞名是從利用裝於改造氣球和風箏的數位相機繪出英國石油漏油事件對路易西安納州海岸影響圖開始。接著該組織開始利用他們的簡易飛行技術生產DIY套件，讓人們用來解決環境和社區的問題。這樣的技術在各地幫助了很多人，例如因為划獨木舟而對高恩努斯運河產生興趣的迪亞哥。

迪亞哥把他的調查行動稱作「CSI河道現場」。他說他所調查的河道在這個區域從農地變成水泥建築的工業區時被覆蓋。長1.8英里的高恩努斯運河是工業水道、環境保護局超級基金清理場地，也是這個社區的骨幹。光是聽到這個名字就會有很多紐約人覺得噁心。

美國環境保護局規劃將運河底部的有毒汙泥清除，並將底部封閉，防止更深層的汙染物滲入水道，而迪亞哥想要做的是確認施工完善。這就是他的CSI計劃功能所在。紐約的下水道系統結合衛生和逕流汙水，也就是說系統在大雨等狀況下超載時，汙水和雨水會同時溢流進入高恩努斯運河。迪亞哥認為伏流和雨水溢流一樣，也會讓市區的下水道系統超載，透過相連的溢流系統將汙水推入已經受汙染的運河。

雖然很多人會覺得人孔蓋下方額外的水量是來自沖馬桶和洗碗等人為活動，但因為有麥克風，迪亞哥發現多數人在睡覺的夜間時段還是聽到水流，因此他懷疑有自然的力量在作祟。為了判斷應該在哪些人孔蓋安裝麥克風，他把一臺舊的數位相機裝在紅色大氣球上，尋

找可能是近距離水源的大樹或異常茂密的樹叢等植被。

迪亞哥說：「數位相機是從附近的廢棄電子產品中心取得的。」他補充道，Public Lab提供控制相機作業系統的程式碼，讓相機執行設計之外的功能，例如掛在氣球上從空中每5秒拍一張照片。「有時後我們會改造相機讓它拍紅外線照片，用來辨識植被。」

迪亞哥的這些調查工作都是不收費、用自己空閒時間進行的；但他的正職和這個有關：他為市政府交通局繪製道路坑洞的位置圖，而且他表示坑洞的位置時常和伏流重疊。

「今年夏天在布魯克林出現的沉洞位於戴克爾運河的上游」他說道，藉由研究數百年歷史的地圖才發現這個已經被覆蓋的水道。「市政府說這是因為總水管破裂而產生的，但我想知道破裂的原因。」

除了監聽下水道和登門拜訪的非正式田野調查之外，迪亞哥還依靠Public Lab推廣的資料分享和開源軟硬體。

迪亞哥表示：「開源的設計讓科技更平民化。我們使用的消費行產品，包括用來做研究和監控社區的技術，都愈來愈封閉，讓我們無法掌控或有所貢獻。我們也常常不知道運作的原理，壞了也不知道怎麼修。」

出於憤慨

Public Lab的歷史從2010年墨西哥灣的英國石油漏油事件所累積的民怨開始，由關切漏油的影響的墨西哥灣居民、環保人士及科學家組成，目的是調查漏油在路易西安納和其他墨西哥灣的州海岸擴散的詳細情形。他們並不滿意石油公司所提供的說法，所以在該範圍的各地以氣球和風箏載數位相機升空拍攝，再用軟體把影像連接起來，拼湊出更完整的資訊。

他們的行動後來從一般的地圖定位轉型成協助監控其他受汙染地區的長期計劃。Public Lab不斷向田野拓展，協助公民科學家定位西班牙的工業汙染、烏克蘭的空氣汙染、祕魯的森林樹冠消失等等。因為

Eymund Diegel/GLAM

Public Lab的合作精神，其技術和開源軟硬體所幫助的專題可說多不勝數。

「Public Lab是一個規模很大的社群，所以很難說有多少計劃正在進行」Public Lab的社群開發總監麗茲·貝里（Liz Barry）說。「我們有嘗試統計進行中的環境調查，因為這是社區力量結合起來改變區域環境的實際作為。」

這類的環境監控和所需的器材有時很昂貴，也因此很難取得。尖端的監控科技確實有幫助，但要有人能使用才行。因此，Public Lab開發低成本的改造技術和開源軟體供所有人使用。他們用來蒐集資料的裝置包括老舊的數位相機、二手DVD、紙板和廢棄塑膠瓶。需要空拍時，Public Lab則多半採用塑膠風箏和氦氣球來載他們便宜的照相裝置升空，而不是軍事級的無人飛行器。

簡約是Public Lab的核心價值，而分享資訊也同等重要。

根據Public Lab的網站所述，他們只採用「低成本、開源、使用容易、大眾協力製作、受社群支持，且能取得有意義、可解讀且高品質資料的工具。」

範圍廣、易取得

為了讓熱心民眾和社區團體能取得調查環境問題的工具，Public Lab販售低價的DIY套件，從空拍氣球裝置到監控水汙染的質譜儀都有。

貝里說「氣球我們最早推出的套件，有數不清的用途，像漏油、外來物種定位和抗議行動等等。」

這個氣球套件包含氯丁橡膠材質氣球、一捲釣魚線、以2公升汽水瓶製作相機架的說明、做為相機架避震器的橡皮筋、田野地圖繪製指南和氣球空拍飛行檢查表。有些相機需要改裝才能以5秒的間隔拍照，有的可以用原本的設定。

貝里指出，環境汙染事件中常見的石油化學品是開發質譜儀套件的起源。最初它只是改造來容納DVD和便宜網路攝影機的披薩盒，後來演變成可以線上購買的DIY套件。Public Lab的網站說打造這款質譜儀的材料成本不到15美元。他們提供詳細的線上說明，教使用者如何切割不透明黑

於2013年，在高恩努斯運河發現了一隻死亡的海豚。專家表示該海豚進入運河時已經生病。

裝備
Public Lab的開源工具和功能

桌上型質譜儀
以網路攝影機透過細縫拍攝光線（如狹縫相機的原理），以舊DVD製成的繞射光柵濾光。它可以測量空氣和水中的光線波長。

紅外線相機
把數位相機的紅外線濾鏡替換為藍光濾鏡就能拍攝紅外線波長的影像。這種影像可以用來分析植被，尤其是汙染影響葉綠素生成的情形。

WHEESTAT
這款仍在Alpha測試中的恆電位儀可以透過測量溶液中的電子反應判定水中鉛、砷和汞的濃度。

KAPTERY空拍相機安裝套件
如果要把相機掛在風箏或氣球上，這類的支架會很有幫助。它有維持相機方向的懸吊裝置，透過三角架固定。

RIFFLE
這款裝於20盎司塑膠瓶內的水質感測器可以垂降進入水中，測量溫度、導電度、深度和混濁度。熱敏電阻等感測器從瓶蓋伸出，而資料會記錄在Atmel328P記憶體中。更多裝置請參考publiclab.org。

色紙板製成小盒子、相機安裝的位置以及如何剝除DVD塗層並裝在狹縫上構成繞射光柵。只要用可調亮度的電燈來照射水樣本，公民科學家在家裡就能用Public Lab的開源軟體以奈米的精確度測量光的波長。

這項測量的目的在於辨識油類和其他屬於碳氫化合物的汙染物。Public Lab正號召社群內的化學家共同開發進行這項分析的DIY方法。貝里表示：「Public Lab的協作環境最神奇的地方是能讓很多較孤立或未被發現的專業能力發揮所長。」「學界都很樂意伸出援手」，他又補充道。

「推動各種計劃的專業多元性是維持加入的低門檻和讓計劃的面向廣泛、容易參與的關鍵。」

貝里指出未知的汙染物會讓辨識較困難，但取得的資料會由真正的化學家檢驗，並登錄於資料庫。如此能夠根據現有數據推論缺乏的資料。她說：「我們有機會讓辨識化學成份像用Shazam辨識音樂一樣簡單。」

Public Lab提供的套件還包括把數位相機改裝成紅外線像機的濾鏡、判定水中金屬濃度的恆電位器和利用塑膠瓶測量水的溫度、導電度、深度和混濁度的Arduino資料記錄器。「水溫資料曾做為關閉核能電廠的依據，所以很多社區對此表達興趣」貝里提到。

資訊傳播

Public Lab的共同創辦人馬修·里賓科特（Matthew Lippincott）指出，DIY改造不是對抗汙染的解答。「靠改造工具無法解決所有問題。」他說，分享資訊並指引社區團體該向哪個單位申訴對他們的目標而言也是不可或缺的工具。「把簡單的照片寄給環保和健康單位就很有幫助。」

漁民在路易西安納海岸目擊的汙染和布魯克林工業運河的汙染可能有共通點，但之間仍然存在有效和無效做法的差別。Public Lab的成員解釋道，這就是為什麼分享過程的資訊和讓每個人做出自己的貢獻一樣重要。當一位划獨木舟的人關切行船的水道並想知道更多資訊時，他可以聯

Eymund Diegel

GLAM/Gowanus Canal Conservancy/Public Lab Aerial Mapping Program, Eymund Diegel, Steve Duncan

亞瑪拉檢查高恩努斯運河和裡面的老鼠屍體。

迪亞哥檢查從市區帶走汙穢的高恩努斯運河淺洪道。

繫知道該從哪些問題下手和調查的方法，再應用於自己的狀況。如果有人聞到油味，但不知道從哪裡傳來，他也可以這麼做。

迪亞哥說，透過把調查行動變成遊戲，例如尋找「忍者龜發源地」（位於皇后區的放射性廢棄物汙染源），他預期能號召更多人參與。

「開源的對話和Maker精神在這個日益依賴科技的社會中重新建立了文化演進的基礎」他說。「這也是放氣球、風箏，和有趣的人們一起做有趣事情的藉口。」

現在就入手

Public Lab的質譜儀套件可於Maker Shed（makershed.com/products/diydesktop-spectrometry）取得。

IN PURSUIT OF
PERFE

追求完美
一位著迷於工具的退役老兵，
將古典手工鋸設計重現於世人眼前。

丹尼爾‧麥奇連
Daniel McGlynn
現居美國加州舊金山灣區，喜歡寫作，有兩個孩子，他們會一起在家後頭的工作室打發時間。

時間回到**2007年**，馬克・海瑞爾（Mark Harrel）在軍隊裡執行的最後一項任務是訓練阿富汗國民軍（Afghan National Army），幫助他們對抗叛軍。海瑞爾很喜歡他的工作和同袍，不過在他執勤的日子裡，心裡常常會想到傳統短鋸（backsaw），就是有刀背的那種，

過神來，我已經開始在eBay網站上買鋸子、並瞞著老婆帶回家了！」

在他把目光移向短鋸之前，就已經開始蒐集二手不插電工具了，他會上eBay購物網站，看看有沒有價格可以接受的老工具。這個時候，他發現現有的老工具需要一些加工，像是磨除一些鐵鏽、裝上新的把手等等，這種

製造者，也是兼職作家。他是海瑞爾的客戶，需要工具來打造傢俱，不過對於工匠技藝的執著並無二致。費德珍是手作木匠界訊息傳播者，著有《不插電工作室》（The Unplugged Woodshop），和他在加拿大多倫多開設的工作室同名，這個工作室除了提供工具之外，也開設課程，教導學

文：丹尼爾・麥奇連　譯：潘榮美

可以進行精細的裁切，用來製作傢俱。其中，有一把手工鋸特別吸引他的注意，那是奧勒岡州一個家庭工作室出產的手工短背鋸。他告訴自己，回家之後要去把鋸子買下來。那只不過是一時的購物慾而已，不過他不知道的是，那一眼的緣分後來開花結果，讓他趕上木工與手工具製造的潮流，重現那些幾乎被人遺忘的設計與手作方法。

後來，海瑞爾發現了手鋸。「你知道，握著一把利刃，可以將板子輕鬆的一分為二，那種板子震動的酥麻感真的讓人上癮！」海瑞爾說，「當我回

品項買起來很便宜，修好之後賣出可以小賺一筆。

在拆解與組裝老鋸子的過程當中，海瑞爾慢慢學到許多設計相關知識。到了2009年，有了一些想法之後，他在美國威斯康辛州拉克羅斯（La Crosse）市創立了壞斧頭工作室（Bad Axe Tool Works），雖然一開始規模不大，現在卻是美國手工鋸業界的佼佼者！

不插電的禮讚

湯姆・費德珍（Tom Fidgen）住在加拿大多倫多市，是一位專業傢俱

生如何使用手持工具來製作專題。

海瑞爾在2008年搬到多倫多，發現家裡空間不夠大，放不下大型器械，於是，他開始用手持工具來製作專題，他說：「後來，我發現手工具專題是一個獨立的領域，我開始動筆撰寫相關文章、實際著手製作專題、並在世界各地演講與授課。」

「我課堂上的學生有百分之七十是上班族，整天都坐在辦公桌前，」費德珍表示，「他們下班回家之後好像悵然若失」，於是，他們就奔向自家車庫、地下室或車棚等等，開始「動手」做一些東西。這種「低科技」專題在哪裡

Mark Harrel

都可以做，也沒什麼時間限制。而且，使用不插電的工具是一種很棒的感官經驗！Maker 會聽到、感覺甚至嗅聞到作品的質變，如你所知，任何手作的作品都是獨一無二的。

喜歡手作木工的匠人，在接觸久了之後自然希望可以找到品質更好的工具，所以費德珍這類的專家就四處尋找這種傳統工具的製造者。「現在可以找到很多這類的手製工具

子的方法。史瓦茲就寄了一把鋸子給海瑞爾，收到打磨結果非常滿意，於是，史瓦茲就在自己的網誌上面分享了海瑞爾處女作。許多木工師傅注意到海瑞爾的作品，往後的幾週，海瑞爾收到好幾十把鋸子，靜靜地躺在海瑞爾家門前等待垂青。

過了沒多久，海瑞爾發現這或許可以成為他的事業第二春。「我看著我在地下室的工作間，發現其實世界上不只有我在做

計，大概只需要 50 個品質良好的工具，就可以用傳統工法做出任何木工製品了。

幾個月之前，在一次社群論壇網站 reddit 的木工社群（r/woodworking subreddit，成員達 135,000 人）問答中，有人問了史瓦茲一個問題，想知道他對這場手持工具與傳統木工的復興有什麼看法，發生的原因又是什麼？

「網路的興起使得我們更能互通訊息。」

「當我回過神來，我已經開始在 eBay 網站上買鋸子、並瞞著老婆帶回家了！」

製造商，像海瑞爾他們公司就是個例子，」費德珍說，「他做的鋸子在美國算是很出名，這大概是近五年來的事。在此之前，他大概還在地下室裡默默地磨鋸子吧！」

離開阿富汗之後，海瑞爾就退伍了，專心在家鑽研製作鋸子的技術。2008 年，他架了一個網站，宣傳他家地下室工作間提供的維修服務，在那個時候，海瑞爾覺得手工鋸維修只是個興趣，賺點錢，讓他可以買更多鋸子來蒐集。

後來，海瑞爾寫信給克里斯·史瓦茲（Chris Schwarz），當時的《流行木工》（Popular Woodworking）雜誌編輯（在手持工具界富有聲望）分享自己打磨鋸

這件事。」他說，「這其中有很大的市場在等著我！」

傳統與科技相遇

史瓦茲寫完那篇稱讚海瑞爾技巧的文章之後，又過了好些年。在這一段時間裡，史瓦茲自己也加入這股「不插電工作室」（unplugged workshop）潮流，史瓦茲現在開了一間小出版社，名字叫「遺落的藝術」（Lost Art Press），出版傳統傢俱製造方法的相關書籍。他自己寫了一本《無政府狀態的工具箱》（The Anarchist's Tool Chest），在這本書中，他提到一個工作室如果經過精心設

史瓦茲寫道，「我和爸爸在阿肯色州用不插電工具蓋房子的時候，我們還以為全世界只有我們在玩這個。不過，有了網路之後，我們發現事實並非如此。其次，現在我們很容易找到品質很好的手作專題用工具，這也讓大家更有興趣來玩。像我這種不喜歡修理工具的人，可以專心做我愛的木工，這是很重要的！有更多製作工具的匠人，就會刺激更多人投入木工，而這些玩木工的人又會刺激更多工具匠人的需求，直到飽和為止。」

從早期網路聊天室開始，這些喜歡工具和工藝的人就在網路上交流了，不過，最近興起的社群媒體讓交流變得更加活絡，

要找到朋友、分享訊息、修理工具都很容易。在此之前，這些都只會在跳蚤市場或骨董藝品店的陳舊擺設之間發生。

這一切因素造就了像海瑞爾這批人進場的完美時機，人們開始尋求高品質的手造工具，工要細、量測要精準，價格要實惠，就在這些條件漸趨成熟的時候，海瑞爾也就剛好踏入這個產業了。

經典重探

在地下室工作的過程中，海瑞爾探索了美式鋸器製作的材料創新過程，像是鋼材品質與設計沿革等等。比方說，怎麼樣的設計較為耐久，還有，鋸子的把手部分可以怎麼改良（行話叫totes）、鋸齒要怎麼做等等，他曾經修理過許多大師的作品，比方說Simonds（賽門茲）和Atkins（阿特金斯）等等。

過了沒多久，海瑞爾發現自己很喜歡亨利・迪斯頓（Henry Disston）的鋸器設計，年代大概是美國內戰之後，迪斯頓（後來變成「迪斯頓與兒子」、最後是「迪斯頓與兒子們」）的鋸子，直到今天還在市面上流通。他們家的鋸子代表一種技術的革新，這一點在鋼材選用與整體的工藝水準都顯而易見，到今天其他工匠都難以望其項背。後來，海瑞爾就開始研究迪斯頓這個人，發現他的人生故事和對作品的要求都非常激勵人心。

迪斯頓的人生並非一帆風順，十幾歲的時候，他和爸爸一起從英國移民到美國，踏上美國土地才三天，爸爸就過世了。迪斯頓找到學徒的工作，開始學做鋸子，幾年之後出師，有人開始用工具和材料和他換作品，但是不付他錢。

後來，迪斯頓慢慢打造了自己的小王國，過程中也是諸多波折，他的工廠經歷好幾次火災和人為疏失導致的問題，有好幾次幾乎是從頭來過。然而，在這個過程中，迪斯頓也開發出好幾款新的鋸器設計，他是美國第一個自己煉鋼的工匠，還

有，他設計的拱背手工鋸（朝尖端逐漸變窄的木工鋸）是許多人工具掛板上不可少的一員。迪斯頓對員工很好，後來，他終於在費城附近成立了一間公司。

自製兒童專用鋸

在海瑞爾的自學過程中，他不時會想到退役時買的那把短背鋸，他在阿富汗執行任務時還念念不忘的那一把，真正拿到手的時候的感覺還歷歷在目。「那把鋸子真的沒什麼了不起，我覺得我可以做得更好！」海瑞爾說，「我在軍隊的歷練讓我學會精益求精，止於至善，如果沒有很高的自我要求，不可能會成事。每件事情都應該要有條有理。」

因此，海瑞爾從迪斯頓的設計出發，走向手工具製作之路。他徹底研究了一下他在維修的時候喜歡的手工具設計。「在我設計壞斧一號（Bad Axe I）時，我不是沿用傳統的設計，就是做一些小部分的調整。」海瑞爾表示。「擁抱創新不代表要揚棄過往。」

要打造新產品，首先，要先設計原型，並使用3D掃瞄器成形。接著，他找到高品質零件製造商，他去找了製作鋼材的廠商，請他們將刀鋒裁切成正確的尺寸。等到材料進了海瑞爾的工作室，再開始打磨並做出鋸齒，好了之後，再送去進行發藍（blueing）處理，將公司的標誌刻在鋸子上。

海瑞爾的公司名稱來自美國威斯康辛州的一條河，壞斧河（Bad Axe River）由兩條溪流匯集，長約五英哩，後流入密西西比河。1832年，這裡曾經發生原住民與美國國民軍的戰爭，而後戰爭延續。雖然最後遭到屠殺，但這群戰士仍然盡力給予對手強勁的回擊。海瑞爾被這一群原住民戰士的奮鬥精神所感動。

2009年7月，海瑞爾賣出第一把壞斧系列的鋸子，直到今天，他還在奮鬥不懈，持續改良這把美國土生的鋸子。目前，他

們出了十款不同的短背鋸，包括開榫鋸、大鳩尾鋸（carcass）、窗框鋸（sash saw）、鳩尾鋸（dovetail saw）等等（鋸子名稱通常與其應用工法有關）。除了標準規格的鋸子之外，海瑞爾也提供客製化服務，比方說，他甚至做了一套小巧而堅固的鋸子，專門為兒童設計，名字就叫「美國兒童」（American Kid）！

追尋亨利・迪斯頓

海瑞爾希望可以做出更多功能的手工鋸，不用硬背式，可以很快地鋸厚木板或其他大件的材料。「目前，我們將許多心力投注於產品開發，我們希望可以重現1900年代就已臻至完美的手工鋸設計，兩邊逐漸收攏的鋸面形狀，而且鋸齒比鋸面堅固，所以打磨鋸齒的時候必須特別仔細。大概在二次大戰之後，就沒有人可以做出這樣的鋸子了。」

同時，為了紀念迪斯頓的影響力與一生的傳奇故事，海瑞爾在拉克羅斯的工作室掛了一塊匾額，每一天，他和幾個同事在組裝、調整、磨鋒、測試壞斧公司的產品時，都可以看到上面寫的字：「如果是亨利會怎麼做呢？」 ◍

Maker Pro File

Ben Einstein 班·愛因斯坦

文：DC·丹尼森 譯：屠建明

專業Maker的筆記、數據和建議

　　班·愛因斯坦（Ben Einstein）是一位經驗豐富的產品設計師和投資人，目前擔任Bolt的董事總經理，專門負責硬體新創公司初期的種子基金。除了種子基金，Bolt同時投資全職人力、工藝器材及製造業及商業化的廣泛專業。在加入Bolt之前，愛因斯坦在麻薩諸塞州經營產品設計開發顧問公司Brainstream Design。他對一系列商品的上市扮演關鍵角色（實際商品內容受保密協議保護），包含消費型電子產品、高效能音響、運動器材及綠色能源等領域。

建議

　　欲速則不達 快不一定好，因為你需要制定策略，在初期就計劃好產品的設計，所以要注意速度快的代價。

　　不要外包給設計公司 這麼說可能會讓我惹上麻煩，但外包給設計公司代表你將會公司最關鍵的工作交給別人：製作廣受歡迎的產品。

小心⋯

　　潛在陷阱 有些當下沒意識到的決定，例如採用哪款藍牙無線電，會導致數月甚至數年的困擾。假設選了錯誤的微控制器或RAM不足的機型，以後會很難翻身。

　　直覺設計 有些人很擅長用直覺設計，但如果要做的是讓大眾使用的可靠產品，開發過程中需要確實進行測試。

　　群眾募資 是很吸引人但誤用時很危險的募資方式，因為所有的決定都會被放大。如果過於隨性，只憑一股衝勁，在把開發過程公諸於世的同時，你可能還沒決定零售價格、利潤、製造地點等等面向。先完成產品開發和早期生產再用Kickstarter來上市會是比較好的做法。

重要數據

　　創業投資（VC） 想清楚這是不是你想要的。典型的VC投資人挑選的是能在初次投資後五年內能有一億美元營收的公司。這是個大數目。多數的公司無法達到這個目標。VC每投資20家公司大概只會有2家成功，但成功的規模足以彌補失敗的投資。

　　原型 每周產出一個原型。很多人會忘記要把東西做出來，因為執著在完美的概念。他們想要讓產品在被使用前達到完美、可模塑、美觀，但不需要有功能完整的產品也能獲得意見回饋。

　　要有多少回饋？ 和30個人討論（不包含家人）。5個人不夠，而超過50個人則太花時間。

　　初次生產最低訂購量 如果想要在中國生產任何組裝完成的產品，訂單少於5,000件就會有困難。製造工廠不是靠開模賺錢，而是靠產量賺錢。

　　驗證 製造產品的驗證程序有三個關鍵步驟，而且都不容易：工程驗證測試（EVT）、設計驗證測試（DVT）和生產驗證測試（PVT）。這些測試很複雜，但如果不仔細進行，產品就會失敗。

感謝父親

　　我一直都是那種躲在地下室的改造者，而這都要感謝我父親，因為他非常節儉。只要家裡有東西壞掉，例如洗衣機，他就會想：我該找店裡的人修，還是叫我兒子修呢？這就是我學習的過程，也改變了我的世界觀。◗

想要看更多Maker的新聞跟訪談嗎？請上makezine.com/category/maker-pro。訂閱Maker即時新聞，請上makezine.com/maker-pro-newsletter。

DC·丹尼森 DC DENISON
《專業Maker快訊》（Maker Pro Newsletter）的編輯，報導Maker和業界的相關資訊。曾任《波士頓全球報》（Boston Globe）的科技編輯。

Bolt

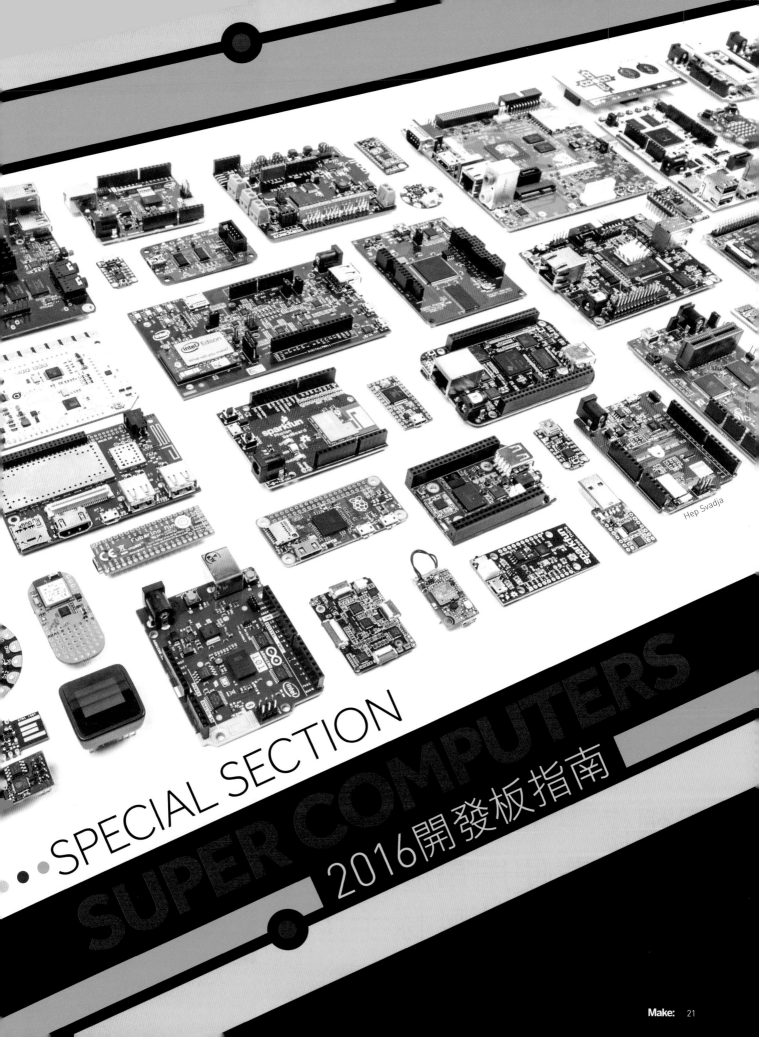

Hep Svadja

SPECIAL SECTION

SUPER COMPUTERS

2016開發板指南

物美價廉不是夢

Bang
for Your BUCK

想像一下，可以完全
免費使用電腦的
世界會是什麼樣子？

文：阿拉斯戴爾・亞倫　譯：孟令函

大家應該都很熟悉摩爾定律（Moore's Law），我們也都期待著每年推陳出新的產品可以更快、更便宜。

自戈登・摩爾（Gordon Moore）提出摩爾定律以來，此一預測大部分是正確的，然而英特爾的執行長——布萊恩・科在奇（Brian Krzanich）指出，時至2015年，很多人都在預測：「摩爾定律中兩年的節奏可能不再適用了，我們現在需要兩年半左右的時間。」

有些人可能會說，現代科技已經到了一個瓶頸，電腦計算速度的進展步調也會急遽下滑，但是這並不代表整個科技的發展也在趨緩。現在我們擁有的是比較成熟的科技基礎，隨著科技逐漸成熟，取得科技的使用也會比較便宜。現在在電腦領域裡，我們不再單單以速度跟大小來衡量電腦的好壞，我們開始關心的是電腦是不是「夠好用」，也就是說，我們關心的是能不能很容易地取得運作表現良好、功能齊全的電腦。

現在仍有大量的技術投入智慧型手機的市場大戰中，就如3D Robotics的克里斯・安德森（Chris Anderson）所說：「巨人大戰時，我們全人類都是贏家。」

像加速計、陀螺儀、磁力計，甚至是相機等各種感測器，價格愈來愈平易近人，一般人也可以很容易買到。現在ARM處理器已隨處可見，幾乎每臺智慧型手機都會用到它，也因為如此普及，電腦的價格急遽下降。像Adafruit和SparkFun這些公司的建立就是靠著包裝銷售這些科技，讓這些科技對Maker們來說更容易取得。

功能齊全的電腦（也就是所謂「夠好用」的科技）現在只要幾美元就可以取得。可以連上Wi-Fi的ESP8266晶片是一款普遍使用的微控制器、雖然有一些限制但品質優良的GPIO，都低於2美元；最近新出的C.H.I.P.電腦算是廉價平板工業的衍生產品，只要價9美元；Raspberry Pi Zero是Raspberry Pi的加速版，但是價格卻只要5美元。慢慢的，電腦不只是愈來愈便宜，實際上根本已經接近免費了。今天，一個微控制器只要2美元，未來就會慢慢發展出0.20美元的微控制器，最後可能就會有只要0.02美元的產品出現。

最終，我們的世界會有一種產品，只有幾毫米大小的感應粒子，結合了電腦、感測器、無線網路的功能，在我們四周隨空氣漂浮。最終，我們身邊的粒子、塵埃，都會變成「智慧型」的。廉價、功能優良的電腦開啟了各種使用方式的可能性，當我們使用的電腦變成拋棄式的產品，我們應該能夠完成更多過去無法達到的事吧。

C.H.I.P.,
要價僅僅9美元的電腦

相機公司Next Thing Co.生產，這家公司雖然規模小，卻有不同凡響的點子。

去年五月，一家沒沒無聞的相機公司宣布他們研發出了只要9美元的電腦，掀起了一陣騷動。他們在Kickstarter募資後，約40,000名贊助者提供贊助，募得超過200萬的資金。從這裡我們可以發現，Next Thing Co.的共同創辦人——戴夫·若奇沃克（Dave Rauchwerk）、湯瑪斯·戴克爾特（Thomas Deckert）、古斯塔夫·修伯（Gustavo Huber）帶來了很重要的貢獻，改變了小型電腦裝置的成本結構。在C.H.I.P.出現以前就有其他廉價的Linux開發板存在，但從來沒有出現過低於10美元的產品。

C.H.I.P.誕生的背景，就跟它本身一樣令人驚奇，它根本不是Next Thing Co.本來預設要製作的產品，而是另一項產品——OTTO的衍生產品。OTTO是一款以Raspberry Pi單板電腦製作的GIF動圖相機，使用者可自行改寫其中的程式。TechCrunch宣稱，OTTO這項產品的出現，絕對是「我們走到了文青潮流高峰」的象徵，而OTTO的研發團隊也對此評語頗為自傲。雖然成功製造並出貨了OTTO，它在群眾募資過後的市場並不理想，原因並不是一些冷嘲熱諷的報導標題，而是因為要製作大家原先期待的完美動圖成本太高。

後來，Next Thing Co.團隊決定要處理電腦運算成本太高的問題，他們希望打造出可以讓OTTO這種產品變得更成功的開發板，若奇沃克說：「如果C.H.I.P.在我們打造OTTO時就出現的話，我們現在應該還會是一家相機公司。」。

C.H.I.P.使用的是全志（Allwinner）的1Ghz ARMv7處理器，內建512MB的RAM以及4GB的儲存空間，這樣的空間就足以順暢的運作他們量身打造的Debian Linux處理系統，還有多餘的空間容納app跟程式碼。C.H.I.P.還有內建Wi-Fi跟藍牙，只需少許電量。除此之外，可以用鋰聚電池為C.H.I.P.充電，這點跟其他低價平板，如Raspberry Pi Zero相當不同，其他的低價平板並沒有內建的連接裝置。

雖然C.H.I.P本來是製作來讓其他硬體設備順利運作的，它本身的名稱C.H.I.P就是「電腦硬體內部產品（Computer Hardware Inside Products）」的縮寫，但這臺只要9美元的產品不只是Maker和產品設計者們會使用的裝置，更是一臺超便宜的電腦，只要加上螢幕、鍵盤、滑鼠，你就可以用它做所有一般電腦可以做到的事：寫程式、玩遊戲、上網，都做得到。

這項特點讓C.H.I.P.跟其他類似的產品區別開來。它不僅是一臺便宜的電腦，更可以輕易的跟感測器、馬達等其他硬體設備結合在一起。這都是歸功於它有兩排40個接腳、共80個接腳的母座，其中包含了8個通用型輸入、輸出接腳，還有其他特殊用途的接腳。

因為C.H.I.P.開始流通，使用者們製作了特製的軟體開發者組合包，也特製了C.H.I.P.特別版的Linux。這款開發板有創用CC許可，結合了開放原始碼軟硬體，讓設計師們自由創造衍生產品，以符合它們的個人需求；也讓C.H.I.P.對於那些有志於創造商品、上市販售的人來說相當有吸引力。

晶片泰迪熊
翻到44頁，看看怎麼用C.H.I.P.幫華斯比小熊做大腦移植！

Raspberry Pi Zero,
只要價5美元的單板電腦

為提高普及性，Raspberry Pi推出了低於10美元的產品。

Raspberry P早已有健全茁壯的社群，因此，在Raspberry Pi Zero上市的第一天，20,000個首批產品就銷售一空。 Zero是簡化的Raspberry Pi B+，但別誤會了，這塊小小的開發板還是相當強大，何況，這個物美價廉的價錢實在很難超越。

樹莓派基金會這個組織是來自英國的非營利組織，他們的宗旨是讓更多人了解、熟悉電腦使用，自2012第一個Raspberry Pi產品誕生以來就是Maker們的最愛。從那以後，大家對於Raspberry Pi開發板產品的追求與期許沒有消退過，因此，在短短三年之內，Raspberry Pi就釋出了六種不同的開發板產品，包括Pi 1 Model A、B、A+以及模組電腦，還有Raspberry Pi 2 Model B。這次推出的Zero是他們第七款產品，其中許多設計細節都讓人想起Raspberry Pi最初代的開發板，然而這款Zero的價格卻真切的代表了Raspberry Pi不斷重申的宗旨——讓更多人能夠取得、使用單板電腦。

Zero其中最引人注意的一點是，它是目前為止尺寸最小的Raspberry Pi，只有36mm×65mm的平面大小，厚度也只有6mm。有了這種超迷你尺寸，就算你的專題作品尺度再小，還是可以放一片Raspberry Pi Zero開發板進去。為了

達到這種迷你尺寸，又大又笨重的HDMI以及標準USB接孔各自被換成了mini HDMI和兩個micro USB接孔。除此之外，這片開發板上沒有乙太網路插槽、類比音訊輸出埠、AV端子輸出埠，不過這些功能都可以再自行加上，只要另外焊接即可。另外，用於其他Raspberry Pi產品相機與螢幕的CSI埠、DSI埠塑膠接頭也一併被移除了。

為了節省空間，Zero開發板縮減許多接孔，所以使用上需要兩條特製的USB連接線，一條micro USB到標準USB、一條USB OTG線，另外還需要一般的mini HDMI到標準HDMI的連接線。這點對於使用Pi來說不是什麼太大的缺點，不過在訂購這塊開發板前，你得先考量到這點，要確定你有這些配件。

跟之前的Raspberry Pi 開發板（除了Pi2 Model B）一樣，Pi Zero使用的是博通（Broadcom）的BCM2835處理器。這款處理器在Zero上的執行速度提高到了1GHz，而Pi 1還只能達到700MHz呢。Zero本身有512MB的RAM，要順暢地跑大部分的應用軟體或是運算處理都很足夠。Pi Zero的多工處理功能沒有Pi 2 Model B那麼好，但那是因為它沒有四核心架構。如果花錢買連接線對你來說不是什麼問題，那麼以Pi Zero的價錢來說，它真的是一塊無以倫比的開發板。

B+開發板的大小

Zero開發板的大小

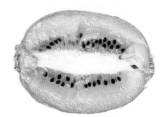

一顆奇異果的大小

想看看怎麼用PiZero打造自己的地下電臺嗎？請上：makezine.com/go/pi-zero-radio-throwies

Hep Svadja

● ○ ● ○ 文：大衛・謝爾特瑪

Meet ESP8266,
只要3美元的微控制器

聰明的程式設計方式將Wi-Fi配件提升到新的高度。

2015年3月28號的前一天，全世界的Maker都在準備慶祝隔天的Arduino日，一個重大消息悄然登上ESP8266論壇——理查·斯隆（Richard Sloan）發文宣布她和艾文·哥哈克夫（Ivan Grokhotkov）成功做出了支援ESP8266的Arduino IDE。對那些本來就有在追ESP8266論壇的人來說，這是個天大的消息；至於對其他人來說，一兩周後，他們就會開始發現斯隆跟哥哈克夫的作品相當成功。ESP8266本來只用來當作Arduino的Wi-Fi配件、通用的微控制器，現在則可以像一般的開發板一樣直接進行程式設計。

只要3到7美元就能購得的ESP8266（大量購買還能更便宜），原先是設計來當成Wi-Fi連接的擴充板，早在斯隆跟哥哈克夫之前，ESP8266的使用者就發現ESP8266可以編寫用來做基本的AT指令組。微控制器要分析AT指令很容易，不過對一般人來說這不太有趣，要發展能貼近使用者的程式語言做為介面（例如使用Arduino程式設計者都很熟悉的C/C++）才讓ESP8266變得更加受歡迎。

FTDI晶片的功能一般來說是讓開發板可以有像USB那樣的外接埠，但是ESP8266沒有FTDI晶片，所以你得使用另外的硬體介面，例如ETDI Friend來編寫程式。幸好，現在有容易取得的使用說明，依指示將功能設置好非常方便。

幸虧有這些軟體的更新，對使用者來說，現在要使用ESP8266做為專題的處理器是前所未有的簡單。像參數自動記錄系統或緊急按鈕這種跟物聯網有關的專題，目前比比皆是（參見42～43頁），在這些專題中，直接在ESP8266上跑小型的Arduino腳本程式碼，資料就在輸入接腳跟Wi-Fi連接之間輸送。

樂鑫信息科技（Espressif Systems）是ESP8266的製造商，一直很樂於接受關於他們產品的使用者回饋，也很從善如流的整合了許多社群上的意見，並做出了他們的下一款晶片——ESP32。新款的晶片已進入測試階段，他們計畫在新晶片上提升Wi-Fi速度、內建藍牙，並設置兩個處理器各自處理Wi-Fi訊號以及程式碼執行的工作。

不管是用來替不支援Wi-Fi的開發板（例如Pi Zero）增加Wi-Fi功能，或是單獨跑ESP8266晶片，這塊晶片都很值得用來做各種嘗試，何況它又價格便宜，就算買一堆也不心疼。◢

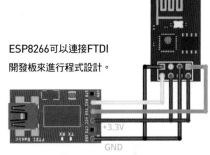

ESP8266可以連接FTDI開發板來進行程式設計。

如果你不太知道怎麼使用ESP8266，可以看看我們的教學，教你如何建立Arduino腳本程式碼，請上：makezine.com/go/program-esp8266。

想知道怎麼用ESP蒐集推文網站Reddit的串流訊息嗎？請看70頁的文章：＜意識之流＞。

文：大衛·謝爾特瑪

布倫特・查普曼
Brent Chapman
是美國陸軍現役網站戰軍官
與西點軍校陸軍網絡學院研
究員。沒穿著軍服的時候，
你可以發現他在木材行或地
下室修修補補打造專題。

IoT Security

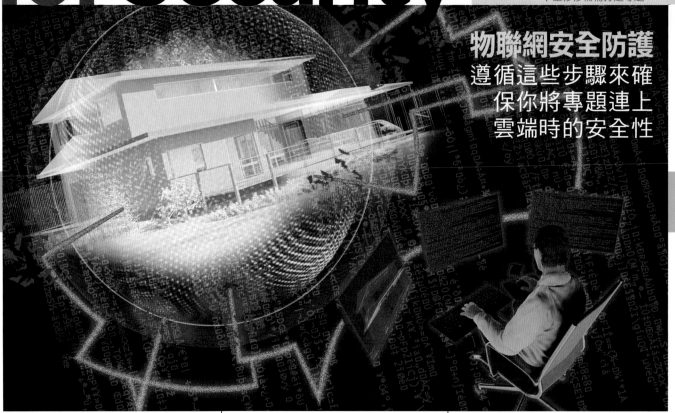

物聯網安全防護
遵循這些步驟來確保你將專題連上雲端時的安全性

物聯網（IoT）的出現對於業餘愛好者和 Maker 來說有莫大的神益，可以將許多元件輕鬆地結合到我們的生活。然而，在我們相信這些連結我們住家、家人、個人產品的配備的同時，我們也要特別注意網路的安全，確保透過網路傳遞的資料的機密性、完整性與使用權限。把 ESP8266 或是任何一臺 Arduino 或 Raspberry Pi 連上網路，可以把你的專題快速地放上網路，但也有可能讓你的專題暴露在風險底下。

把物聯網連結到你的系統前，可以參考以下四點安全考量。這四個機制統合在一起稱作深度防護，若其中一項機制被攻陷，另外三個可以提供適當的安全措施保護你的系統安危。

居家網路安全

● 需要高強度的密碼，密碼是最有效的防備。

● 確定連結的設備支援新型的保護協定如 WPA2，有些舊型的保護機制如 WEP 本身就有些重大的保護缺陷。

● 減少可用的連接埠連接網路，關閉一些不需要的設備如 Telnet 和 UPnP。

● 如同其他連接點、路由器，或是其他連結到網路的伺服器，避免物聯網的設備連接到未授權的連結。

物聯網設備安全

● 最新的韌體或版本出來就更新成最新版。

● 改掉設備原廠設定的密碼。

● 確保網頁介面提供登出的功能，避免駭客試圖強力破壞系統。

加密，加密，再加密

● 物聯網有傳輸一些私密檔案的可能性，包含密碼、個資、照片、影片等。替設備加密有助於保護資料在網路上傳輸時的安全，使用安全社群認證的一些安全標準。

雲端與隱私

● 資料需要存在別的地方嗎？如果不需要的話，不要使用雲端儲存。如果需要的話，使用智慧型保護措施，如雙重認證和高強度的密碼。

● 注意設備蒐集的資料類型和數量，被蒐集的資料可能過多，或是沒有適當的防護措施。選擇不要讓資料備份，或是禁止匿名蒐集。了解許多「免費的」設備都是經人付錢收買使用者資料的。●

文：布倫特・查普曼　譯：呂紹柔

Make:
2016年
單板電腦
快速指南

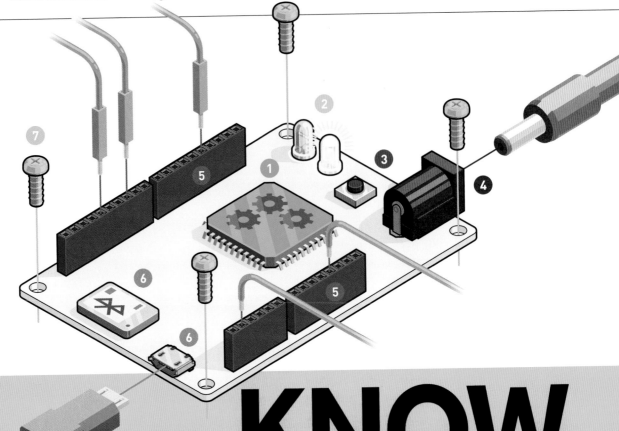

KNOW
YOUR **BOARD**

文：奇普‧布拉德福德
圖：羅伯‧南斯　譯：張婉秦

認識
你的
開發板

1 運算能力

2 指示

3 重置

4 電源供應

5 擴充介面

6 通訊

7 安裝

從Arduino到Pi，
我們為你解析各項重點。

　　開發板可以分成兩類：一種使用Linux系統，像是Raspberry Pi；另一種則不行，例如Arduino Uno。雖然這樣的分類非常簡單，卻很有用，因為我們可以預期產品的規格、複雜性、耗電量以及可程式性。

　　為求描述的一致性，我們將可以運行Linux系統的開發板稱為「進階款」，而其他不行的則為「基本款」。這邊會解析所提到的開發板其重要規格。

● 運算能力

　　每個開發板都有一個主晶片，負責資訊的運算與處理。主要藉由晶片的差異來區別每個開發板。每個晶片都有不一樣的功能、強項和弱點。

　　基本款的開發板通常有單晶片，可處理8位元或16位元的數據。這些開發板以較低的處理速度運算程式，運算速度大約每秒數百萬或好幾千萬。基本款的開發板晶片通常包含所有電子必備零件，能輕易與外界互動，像是類比輸入、計時輸入與輸出，與其他更多功能。

　　進階的開發板通常使用32位元或64位元的主晶片，能夠將一般在電腦開發板上找到的所有零件整合成為單個設備，通常這些稱為「晶片系統」（system on chip或SoC）。進階開發板的主晶片處理速度跟電話或是平板電腦一樣快，以每秒好幾億，甚至好幾十億的運算速度處理軟體。所有功能被壓縮成跟你手掌一樣大小的開發板，而且比一張電影片還便宜。哇！

● 指示

每個人都喜歡閃爍的LED，而且每個開發板都應該起碼要有一個電源LED以及控制LED的軟體。電源LED是讓我們可以一眼得知開發板有妥善連接電源的關鍵，而一個或更多控制LED的軟體是必要的。有新開發板的時候，大家最常做的第一件事就是察看LED是否閃爍，因為它可以讓我們知道所有東西都正常運作。

●「喔！不！」按鈕（重置）

雖然我們會傾向預期自己的軟體是完美的，但總是會有些狀況造成軟體運作中斷。重置按鈕能讓開發板回到程式的開頭，讓你再看一次故障的情形──希望你能後找出問題出在哪裡。每個好的開發板都會有一個重置按鈕。

● 電源供應

USB、電池，以及小型變壓器都是常看到的開發板電源來源。問題是，除了5V的USB，其他電源的電壓範圍都很廣，可是大部分開發板的電腦晶片只需要固定電壓。因此，開發板的電源需要變壓器，將電源輸入的電力轉變成晶片所需的正確固定電壓。

基本款開發板的運作通常需要5V或3.3V，但也有一些設計成電池驅動，可以接受5V到3.3V的電壓，甚至小到1.8V。基本款開發板也能隨時隨地吸取電力，從些微瓦特，到也許1或2瓦特。所需瓦數愈低，電池就可以使用愈久。設計良好的基本款開發板只要幾個AA電池就可以運行幾個月或幾年。

進階款的開發板通常需要3.3V或1.8V。處理器晶片的也許只用到較少的內電壓，約1.1V或0.7V。在非常快速的計算速度下，較少的電壓能幫助減少電力消耗。即使在減少電壓的狀況下，固定的電源消耗預期會有幾百微瓦特到幾十瓦特。轉化成標準的AA電池，其運作時間為幾小時或幾天。

● 擴充介面

當我們在電腦安裝其他東西，讓它們變得聰明，這也讓電腦更有趣。大部分的開發板起碼都會有簡單的輸入端跟輸出端（I/O），用來與實體世界的大量訊號互動，幾乎所有開發板都可以處理基本的數位電壓與訊號，也有不少開發板可以處理類比電壓，像是從0瓦特到晶片電源電壓的任何東西。

基本款的開發板一定有數位I/O，可以強化許多功能，並擴充開發板可以做到的事情，例如讀取或覆寫數據到SD卡，或是利用通訊協定，像是I2C、SPI、或CAN，與其他裝置溝通。基本的數位I/O重新配置後可以處理不同的訊號，也可以包含計時器或計數器的功能。

許多基本款的開發板擁有轉化0V到供電電壓之間訊號的能力，轉化成電壓的數位表示法，稱為「類比數位轉換」（Analog to Digital Conversion）。許多感測器跟零件，像是電位器產出類比電壓，必須被轉換成有用的數位資訊，這就是類比數位轉換器派上用場的時候。偶爾基本款開發板也有「數位類比」轉換器，能產生0V到供電電壓之間的輸出電壓。

進階款的開發板通常有基本款的所有東西，再加上一些更好的附加功能。這些開發板基本上就是將電腦濃縮成一個晶片，它們也更類似於桌上型電腦，內建周邊設備組合，包括HDMI或其他影音輸入與輸出、硬體驅動的eSATA、外接記憶體、USB主機、乙太網路等。

● 通訊

有時候我們希望自己的開發板可以跟其他開發板溝通，或是跟電腦，甚至網路。這都可以藉由通信介面做到。

基本款的開發板至少可以利用歷史最久、最簡單，現在仍廣為使用的電腦間通信標準RS232傳送並接收數據。這是在USB出現前連接所有東西的方法。現在許多基本的開發板也有USB或藍牙通訊介面。

跟簡單的板對板通訊相比，使用進階開發板可以用更高端的方式將設備連上Wi-Fi或網路。進階開發板擁有額外的記憶體以及運算能力，能處理TCP/IP跟其他經由乙太網路或Wi-Fi介面傳來的數據。

● 安裝

設計良好的開發板要有一些功能將板子固定到專題上，通常這代表開發板有許多固定孔，設計用螺絲安裝。它們應該離所有零件或軌跡有足夠的距離，這樣一來，螺絲才不會因為接觸到任何電子零件而對開發板造成傷害。

進階的開發板可能還備有接地螺絲，連接開發板的接地平面和金屬外殼，以減低電子雜訊跟干擾。✐

**奇普 · 布拉德福德
Kipp Bradford**
生物醫學工程師，並在麻省理工學院媒體實驗室擔任研究科學家。他成立許多新創公司，產業包括交通運輸、消費產品、HVAC以及醫療器材，也擁有數個專利權。

TABLE OF
BOARDS
開發板比較表

文：大衛・謝爾特瑪　譯：張婉秦

　　挑選開發板的訣竅，就是知道甚麼時候要參照說明書。先從基本的專題概念開始，列出所需功能，接下來才參照規格說明書，決定哪一個開發板適合你。

　　依照不同的需求，某些規格會比其他的重要。在單純的軟體專題中，開發者工具、記憶體以及時脈速率等功能，會比影像輸出或開發板的尺寸重要。對某些量測環境數值的專題來說，無線接收、數位跟類比I/O這些規格就比時脈速率重要的多。

　　可是實際的情況是，製造商提供的規格表跟數據資料表大部份都是行銷宣傳用，而不以技術參照為出發點。在這種情況下，撰寫一份開發板的比較列表並不容易，我們經過大量的研究，把以下的規格資料表整理成一份，但是這離完整的技術參考資料還差得很遠。

　　這邊只有列出目前市場上所能獲取到的資訊範例，不過已經涵括最受歡迎跟關注的項目；若想了解更多，請瀏覽 makezine.com/comparison/boards。

　　最後，有一個請求：希望開發板製造商跟供應商多為使用者著想，一同致力提供清楚並標準化的規格。就像硬體跟軟體的開放原始碼形塑並打造一個更大的族群，一份關於開發板——以及通用產品——簡明且資訊取得容易的列表，能讓使用者更加妥善利用產品。🖊

產品名	價格	尺寸	類型（微控制器、單板電腦、FPGA）	軟體
Arduino Mega	$46	4in×2.1in	MCU	Arduino
Arduino Uno	$25	2.7in× 2.1in	MCU	Arduino
Arduino Yún	$69	2.7in×2.1in	MCU	Arduino
Arduino Zero	$50	2.7in×2.1in	MCU	Arduino
Arrow SmartEverything	$118	2.1in×2.7in	MCU	Arduino
Banana Pi	$65	3.6in×2.4in	SBC	Linux
Bare Conductive Touch Board	$80	3.3in×2.4in	MCU	Arduino
BeagleBone Black	$55	3.4in×2.1in	SBC	Debian Linux
BeagleBone-X15	$239	4in×4.2in	SBC	Debian Linux
RedBear Blend	$33	2.9in×2.1in	MCU	Arduino
C.H.I.P.	$9	1.5in×2.3in	SBC	Linux
DFRobot Leonardo 附 Xbee 插座	$20	2.8in×2.2in	MCU	Arduino
ESP8266	$3-7	1.4in×1in	MCU	Arduino, Lua, AT-commands
Espruino	$40	2.1in×1.6in	MCU	Espruino JavaScri Interpreter
Flora	$20	1.8in dia.	MCU	Arduino
Gemma	$10	1.1in dia.	MCU	Arduino
Intel Edison with 附 Arduino 連接板	$70	1.4in×1in	SBC	Poky Linux, Ardui
Jetson TK1	$192	5in×5in	SBC	Linux
Kinoma Create	$150	5.13in×5.2in	SBC	Custom Linux, Kinoma Studio ID
LightBlue Bean	$30	1.8in×0.8in	MCU	Arduino

操作電壓 （可容許範圍）	時脈速率	無線	影像	乙太網路通訊埠	數位I/O	類比I/O	記憶體	官方網站
6V–20V	16MHz	–	–	–	54 (15 PWM)	16	256KB flash	arduino.cc
6V–20V	16MHz	–	–	–	14 (6 PWM)	6	32KB flash	arduino.cc
5V	16MHz & 400MHz	Wi-Fi	–	–	20 (7 PWM)	12	32KB flash	arduino.cc
7V–12V	48MHz	–	–	–	20 (18 PWM)	6 in, 1 out	256KB flash	arduino.cc
5V–45V	48MHz	SigFox, Bluetooth	–	–	14	6	256KB	smarteverything.it
5V	1GHz	–	HDMI	Yes	26	–	SD	bananapi.org
5V	16MHz	–	–	–	20 (7 PWM)	12	32KB flash, microSD	bareconductive.com
5V	1GHz	–	Micro-HDMI	Yes	65 (8 PWM)	7	4GB eMMC	beagleboard.org
12V	Dual-core 1.5GHz	–	HDMI	Yes, GB	157	–	4GB-8bit eMMC	beagleboard.org
6.5V–12V	16MHz	Bluetooth	–	–	14 (PWM 5)	6	32K flash	redbearlab.com
3.7V–5V	1GHz	Wi-Fi, Bluetooth	Composite via TRRS jack	–	8 GPIO, SPI, I2C, UART, CSI, Parallel LCD	1	4GB eMMC	getchip.com
7V–12V	16MHz	Wi-Fi, Bluetooth	–	–	20 (7 PWM)	12	32KB flash	dfrobot.com
3V–3.6V	80MHz	Wi-Fi	–	–	2	1	1MB	espressif.com
1.6V–15V	72MHz	–	–	–	44 (26 PWM)	16 ADC, 2 DAC	256KB flash	espruino.com
3.5V–16V	8MHz	–	–	–	8 (3 PWM)	4	32KB flash	adafruit.com
4V–16V	8MHz	–	–	–	3 (2 PWM)	1	8KB flash	adafruit.com
7V–15V	Dual-core 500MHz	Wi-Fi, Bluetooth	–	–	20 (4 PWM)	6	4GB eMMC flash	intel.com
12V	Quad-core 2.32GHz	–	HDMI	Gigabit	125 pins (7GPIO)	–	16GB eMMC, SD	nvidia.com
3.7V	800MHz	Wi-Fi, Bluetooth	Built-in touchscreen	–	66 (3 PWM)	17	microSD	kinoma.com
3V	8MHz	Bluetooth	–	–	6 (PWM 4)	2	32KB flash	punchthrough.com

產品名	價格	尺寸	類型（微控制器、單板電腦、FPGA）	軟體	操作電壓（可容許範圍）	時脈速率	無線	影像
LinkIt One	$59	3.3in×2.1in	MCU	Arduino	3.7V–4.2V	260MHz	Wi-Fi, Bluetooth	–
MicroPython pyboard	$42	1.7in×1.66in	MCU	MicroPython	3.6V–16V	168MHz	Wi-Fi	–
MinnowBoard Max	$145	2.9in×3.9in	SBC	Linux	5V	Dual-core 1.33GHz	–	Micro-HDMI
Netduino 3	$70	3.3in×2.1in	MCU	.NET Micro Framework 4.3	7.5V–12V	168MHz	–	–
Particle Electron	$39 (2G) / $59 (3G)	2.0in×0.8in	MCU	Arduino	3.3V	120MHz	Cellular	–
Particle Photon	$19	1.44in×0.8in	MCU	Arduino	3.3V	120MHz	Wi-Fi	–
pcDuino Acadia	$120	4.7in×2.6in	SBC	Linux	5V	Quad-core 1.2GHz	–	HDMI
Propeller Activity Board	$50	4.0in×3.05in	MCU	SimpleIDE, Propeller Tool	6V–9V	Octo-core 80MHz	XBee Ready	Composite
Raspberry Pi 2	$40	3.4in×2.2in	SBC	Linux	5V	Quad-core 900MHz	–	HDMI
Raspberry Pi Zero	$5	1.18in×2.56in	SBC	Linux	5V	1GHz	–	HDMI Mini
RePhone	$59	1in×0.8in	MCU	Arduino	3.3V–4.2V	260MHz	–	TFT display
RFduino	$29	0.9in×1.514in	MCU	Arduino	2.1V–3.6V	16MHz	Wi-Fi, Bluetooth	–
RIoTboard	$79	3in×4.7in	SBC	Linux, Android	5V	1GHz	–	HDMI, LVDS, LC
Snickerdoodle	$55	2in×3.5in	FPGA	Linux	3.7V–17V	Dual-core 667MHz	Bluetooth	–
Teensy 3.2	$20	1.4in×0.7in	MCU	Teensyduino	3.3V	72MHz	–	–
TinyLily Mini	$10	0.55in dia.	MCU	Arduino	2.7V–5.5V	8MHz	–	–
Trinket 3.3V & 5V	$7	1.1in×0.6in	MCU	Arduino	3.3V–16V	3.3V @ 8MHz, 5V @ 8MHz or 16MHz	–	–
UDOO Neo Full	$65	3.5in×2.3in	SBC	Linux	6V–15V	1GHz	Wi-Fi, Bluetooth	Micro-HDMI
WiPy	$32	1.7in×1in	MCU	MicroPython (Python 3.4 Syntax)	3.6V–5.5V	80MHz	Wi-Fi	–
Xadow	$130 (kit)	1in×.081in	MCU	Arduino	3.3V	16MHz	–	–

乙太網路通訊埠	數位I/O	類比I/O	記憶體	官方網站
–	16 (2 PWM)	3	16MB flash, microSD	seeedstudio.com
–	30 (20 PWM)	16	1024KB flash, microSD	micropython.org
Yes, GB	8 GPIO, I2C, I2S Audio, 2 UART, SPI (2 PWM)	–	8MB SPI Flash, microSD	minnowboard.org
	22 (6 PWM)	6	384KB flash	netduino.com
–	30 (15 PWM)	12 ADC, 2 DAC	1MB flash	particle.io
–	18 (PWM 9)	8 ADC, 2 DAC	1MB flash	particle.io
Yes	14 GPIO	6	microSD	linksprite.com
–	18	4 ADC, 2 DAC	microSD	parallax.com
Yes	26 GPIO	–	microSD	raspberrypi.org
	26 GPIO		microSD	raspberrypi.org
–	16 (1 PWM)	2	5MB flash	seeedstudio.com
	7 (Software PWM)	–	128KB Flash	rfduino.com
Yes	40 (3 PWM)	–	4GB eMMC, SD, & microSD	riotboard.org
–	33x GPIO, 4x I2S audio, 14x I2C, 1x ADC, 2x DAC	16	microSD	krtkl.com
–	34 (12 PWM)	21	256KB	pjrc.com
–	8 (2 PWM)	4	32KB flash	tiny-circuits.com
–	5 GPIO (2 shared w/USB 3 PWM)	3	8K flash	adafruit.com
yes	32 (8 PWM)	6	microSD	udoo.org
–	25 (4 PWM)	3	2MB flash	wipy.io
	20 (7 PWM)	12	32KB flash	seeedstudio.com

擴充你的開發板！

文：奇普・布拉德福德　譯：張婉秦

無論叫做擴展板（**HAT**）、插件板（**cape**）還是擴充板（**shield**），這些額外加上的零件能把你的開發板專題帶上更高一層樓。

● **馬達開發板** 能控制伺服機，包括低成本馬達、步進馬達、有刷跟無刷直流馬達，從小型的呼叫器馬達到單位額定一馬力以上，都可以安裝。

● **顯示器開發板** 能夠直接控制小型文字或圖形的**LCD**顯示器，或是可以產生影像訊號到**HDMI**、**VGA**，以及舊式的複合螢幕。

● **音訊開發板** 能將麥克風或音頻訊號轉換成數位資料，同樣也可以把數位資料轉換成聲波輸出。

● **原型開發板** 可以將電線跟零件固定成專題。

● **實體介面開發板** 提供基礎的輸入組合，像是搖桿、按鈕，或是旋鈕。在輸出端，機械跟電氣的繼電器通常都很制式。

● **儲存開發板** 一般都有快閃記憶體，通常有插槽的形式給**SD**或**microSD**卡使用。登錄資料或在顯示器上播放影音檔時很有用。

● **感測跟量測開發板** 可以測量光線、聲音、溫度、氣壓、高度、選轉、位置（**GPS**）等。

● **通訊開發板** 提供**Wi-Fi**、乙太網路、藍牙、蜂巢、**CAN**、**USB**、**XBee**、**RFID**、**1-Wire**等功能。●

10/29 手做教學
烏克麗麗與耳機

詳細報名資訊請至官網查詢

中美資訊 Chung-Mei Infotech, Inc.
服務專線：(02)2312-2368
官方網站：http://www.chung-mei.biz/
地址：台北市中正區博愛路76號6樓

HOW TO **Choose** A **Board**

如何選擇開發板？

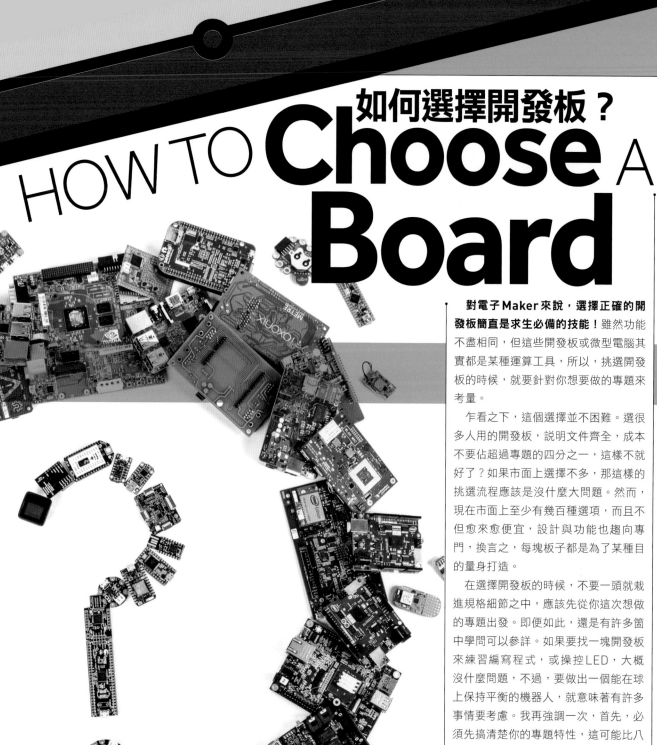

對電子Maker來說，選擇正確的開發板簡直是求生必備的技能！ 雖然功能不盡相同，但這些開發板或微型電腦其實都是某種運算工具，所以，挑選開發板的時候，就要針對你想要做的專題來考量。

乍看之下，這個選擇並不困難。選很多人用的開發板，說明文件齊全，成本不要佔超過專題的四分之一，這樣不就好了？如果市面上選擇不多，那這樣的挑選流程應該是沒什麼大問題。然而，現在市面上至少有幾百種選項，而且不但愈來愈便宜，設計與功能也趨向專門，換言之，每塊板子都是為了某種目的量身打造。

在選擇開發板的時候，不要一頭就栽進規格細節之中，應該先從你這次想做的專題出發。即便如此，還是有許多箇中學問可以參詳。如果要找一塊開發板來練習編寫程式，或操控LED，大概沒什麼問題，不過，要做出一個能在球上保持平衡的機器人，就意味著有許多事情要考慮。我再強調一次，首先，必須先搞清楚你的專題特性，這可能比八核心處理器、內建SATA連接埠還重要多了。

確立專題所需之後，自然可以去除一些選項。接著，就可以參考以下的指示，依照專題類型來縮小範圍，這樣一來，相信你可以找到最適合的開發板！

Hep Svadja

譯：潘榮美

如何選擇開發板：
機器人專題

機器人專題是許多Maker生涯中的大事，而且，只要做出一個之後，就會想要做下一個速度更快、功能更棒的機器人。

機器人專題需要複雜的計算，所以優異的即時處理功能就攸關成敗，開發板上最好還要有許多輸入與輸出針腳，這樣才能連接更多硬體設備。具備這些條件的開發板通常都使用Linux作業系統，支援機器人作業系統（Robot Operating System），以下這三塊開發板都強調計算能力，適合相對高階的機器人專題。

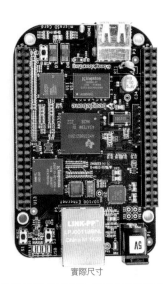

實際尺寸

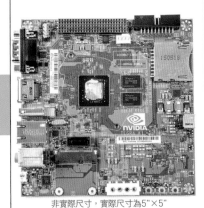

非實際尺寸，實際尺寸為5"×5"

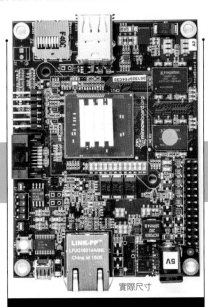

實際尺寸

BEAGLEBONE BLACK

BeagleBoard | 55美元

這一款單板電腦價格不高，時脈速度達1GHz，RAM為512MB，內建4GB的eMMC快閃記憶體。

開發板上裝了兩個可編寫程式的即時運算元（programmable realtime unit，簡稱PRU），時脈速度因而顯著提升。PRU就裝在主要處理器矽材質內，可以透過程式編寫來進行即時計算，比方說機器人的馬達控制、或是燈泡專題中針腳的狀態控制，這兩個微控制器時脈速度都有200MHz，還有兩排GPIO可以接上不同裝置。最棒的事，這是一個開放原始碼的開發板！也就是說，你可以依據專題需求，任意改造這塊板子！

NVIDIA JETSON TK1

Nvidia | 192美元

這個四核心開發板的時脈速度達2.32GHz，RAM為2GB、eMMC快閃記憶體則有16GB，可以裝電池，並裝有圖形處理器，非常適合自主機器人專題的視覺任務。這塊板子的圖像處理器讓人驚豔，達192個CUDA處理核心（Compute Unified Device Architecture，統一計算架構），不管是什麼軟體都可以運作順暢。如果想在TK1上面接其他周邊設備，更是不費吹灰之力！TK1設有許多連接埠，包含 USB 3.0與2.0連接埠、DB9 RS232序列埠、miniPCI-e、SATA、JTAG、千兆乙太連接埠等。什麼？竟然還有25針腳的擴充接頭（間距2mm），包含I2C用的針腳、2個CSI相機介面！

MINNOWBOARD MAX

MinnowBoard | 145美元

這一塊開發板的尺寸為2.9"×3.9"，內含雙核心64位元Intel Atom處理器，時脈速度為1.33GHz，DDR3 RAM則有2GB。和Beagleor TK1不同的是，MinnowBoard Max屬於x86而非ARM架構，不過作業系統依然是Linux。

Max是一款開放原始碼的開發板，在26針腳公接頭上設有SPI、I2C、I2S音訊、2個UART和8個具緩衝保護的GPIO（其中兩個可做為脈衝寬度調變之用）。這些提供低速總線之外，在一個60針腳高密度接頭上也設有SATA2、PCIe和其他高速總線。當然，USB 2.0、3.0和GbE連接埠是一定要的，這樣一來，就可以輕鬆地把 Max接到各式各樣的周邊裝置了。

James Burke, Hep Svadja

BeagleBone
BB-8

用步進馬達和
BeagleBone Black
來做遙控機器人吧！

文：艾瑞克・貝爾吉　譯：潘榮美

艾瑞克・貝爾吉 Eric Boehlke
高中生，喜歡設計、打造機器人，
並為機器人編寫程式。他做機器
人已經八年了，而BB-8是他第
一個非樂高的 NXT 機器人！

材料

» Rev C 版 BeagleBone Black 開發板，
  4GB（2）。
» USB Wi-Fi 分享器，D-Link DWA-121（2）。
» 擴充板，10-DOF IMU（2）Adafruit.
  com。
» 馬達擴充板，TB6612，1.2A（6）Adafruit.
  com。
» 小型麵包板（8）
» 步進馬達，NEMA-17 size 200 steps/rev
  12V 350mA，（6）
» 鋁製連軸器，5mm，RB-Nex-98（6）
  RobotShop.com。
» 鋁製全向輪，60mm，RB-Nex-75（6）
  RobotShop.com。
» 透明壓克力板，.093"×11"×14"（2）
» 螺絲和螺帽
» 聚苯乙烯球，空心半球 2 個，尺寸分別為
  50cm 與 30cm，可參考 Craftmill.co.uk。
» 壓克力顏鍊，白色、橘色及灰色。
» 超厚打底劑（gesso），壓克力顏料用。
» 備用電池座，可充電式，2500mAh（2）。

工具

» 帶鋸
» 電鑽
» 鑽頭：⁵⁄₃₂"、³⁄₁₆"、³⁄₈" 三種。
» 圓穴鋸，1"。
» 樂泰（Loctite）兩段式塑膠黏著劑
» 油漆刷
» 打底劑刷，3"。
» 整組筒套式螺絲起子
» 口紅膠
» 雙面泡棉膠

　　艾瑞克・貝爾吉只用了全向輪做為底盤，再加上兩塊 Beaglebone Black 開發板來控制進階功能，就這樣製作出擬真大小的 BB-8 遙控機器人，沒錯，就是電影《星際大戰：原力覺醒》（Star Wars: The Force Awakens）裡面的機器人！這個專題需要結合不同感測器來達成機器人的平衡，是很好的練習。以下節錄艾瑞克的專題製作筆記，想看更詳細的製作步驟，請上 makezine.com/go/beagle-bb8。

• • •

程式編寫

　　我用 Python 來編寫 BeagleBone Black 程式，之所以選擇步進馬達，是因為步進馬達可以做到精確的動作控制，靜止時又可以確保裝置不會亂跑，十軸慣性感測器則可以決定機器人的位置。控制 BB-8 機器人行進有兩種方式，可以事先編寫程式，也可以透過 Wi-Fi 遙控。

運作原理

　　機器人要保持平衡，至少需要兩種感測器：加速度計與陀螺儀，加速度計的功能是量測加諸機器人的力，包括機器人本身的動作。而陀螺儀則可以精確量出機器人的角速度，不過不包括俯仰（pitch）和旋轉（roll）軸。

　　要使機器人平穩地移動，就必須結合加速度計和陀螺儀的數值才行。卡爾曼濾波器（Kalman filter）的功能正是決定這兩種感測器的加權值，在行進間也會隨時微調。卡爾曼濾波器計算出俯仰軸與旋轉軸之後，機器人會取此二軸讀數的反正切函數，並決定行進角度。

　　此外，機器人也需要知道行進速度，速度計算最好的方式就是使用 PID（Proportional Integral Derivative，比例－積分－微分）控制器，使得機器人可以參考偏離中心的距離決定下一步動作，這樣一來，機器人就不會過分偏離路徑，如果有突發狀況也可以迅速回應。

　　決定行進角度與速度之後，就要給全向輪不同的指示來達成這個目標，馬達控制程式會將輪轉速度轉換為電訊號，訊號會傳到馬達控制擴充板上，然後再去控制馬達。

　　那麼，要怎麼驅動全向輪呢？我用了脈衝寬度調變（Pulse-Width Modulation，PWM）來控制流向線圈的電流，用正弦（sine）和餘弦（cosine）函數來計算正確數值，結果以這樣的小步向前，機器人的行進非常流暢！

更進一步

　　接下來，我希望進一步改良 PID 控制器，希望機器人的反應更靈敏。此外，我也希望在保持平衡的前提下，讓機器人點頭和搖頭，這樣一來，BB-8 就可以透過簡單的動作與外界溝通了。

時間：2～3週 ｜ 成本：700～800 美元

如何選擇開發板：
光與聲音專題

在玩光與聲音這一類的專題時，最需要考慮的問題就是「規模」。如果開發板只需要驅動幾個零件，那就不需要太多I/O針腳；而如果要以很快的速度驅動大型的顯示裝置，那大概就會用到不少I/O針腳。有許多開發板可以解決這類問題，在各種規模的專題裡都適用。不過，我們要在此強調的是，這些開發板通常只能「控制」，但是在較大規模的專題中，還會需要繼電器、MOSFET（金屬氧化物半導體場效電晶體）或／和放大器這些零件來將電力送到各個燈泡或擴音器上。

ARDUINO MEGA 2560

Arduino | 46美元

Arduino Mega在Arduino單晶片微控制器系列中以規模見長，配有54個數位I/O針腳與16個類比輸入，Mega的輸入與輸出針腳足以因應大型的視聽專題。此外，Mega上還有4個UART（通用非同步收發傳輸器，Arduino Uno只有一個！），有了這些硬體支援，就可以外接許多不同的裝置，做出規模相對龐大的專題了。

非實際尺寸，實際尺寸為4"×2.1"

TEENSY 3.2

PJRC | 20美元

Teensy雖然看起來不大，但是功能相當亮眼，除了配有34個數位 I/O針腳，還有音訊輸出、LED矩陣等裝置可用的轉接器。此外，Teensy也與Arduino相容，所以下載好驅動程式之後，就可以用我們的老朋友Arduino IDE來編寫程式囉！

實際尺寸

專題：
LED超大螢幕

誰不想要一個超大的LED螢幕呢？現在，只要用Teensy微控制器配上RGB三色LED驅動板，誰都可以打造出牆面大小2,304畫素、全彩光鮮的大型顯示器。如果再把規模放大，就可以跟棒球場或紐約時代廣場的大螢幕一較高下了！至於詳細的製作方式，可以在第64頁找到喔！

TRINKET

Adafruit Industries | 7美元

不是每個專題都要很大，有時候，我們只需要一個便宜、簡單、小巧的解決方案，而Trinket正是這樣的一個好選擇！雖然只有3個I/O針腳，不過只需要接幾個LED或者控制整條的LED，那這個規模就非常剛好了。Trinket可以透過Arduino IDE編寫程式，支援許多基本的Arduino程式庫，正因為體積小巧，幾乎任何專題都可以裝得下！

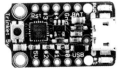

實際尺寸

文：喬登・邦可　譯：潘榮美

James Burke, Hep Svadja, Dan Royer

如何選擇開發板：
穿戴式裝置

製作穿戴式電子專題是一項挑戰，除了要在開發板安裝用來連結織品的零件之外，還必須考量開發板大小、所需電源等因素。通常，我們當然希望選用比較小巧的開發板，接上電池之後，再縫到織品上。市面上許多微控制板和單板電腦，在設計時都有考量這些條件，並且有許多功能可以擴充，下面介紹三款開發板，在很多專題中都很合用！

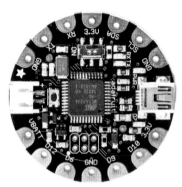

實際尺寸

FLORA

Adafruit Industries│20美元

Flora正是為了穿戴式裝置而設計的開發板，上有14個孔洞，可以用導電材質的線來縫紉編織。Flora上設有電池連接器和2A電源FET（Field-Effect Transistor，場效電晶體），可以連接可攜式電源。因為有充足的電源供應，使得Flora得以控制大量LED，光用開發板的電源，就可以供應50個Adafruit的NeoPixel自動尋址LED。

實際尺寸

GEMMA

Adafruit Industries│10美元

你可以把Gemma想成是輕量版的Flora，Gemma只有3個數位 I/O接孔，不過整塊板子直徑才1.1"，很小吧！和Flora相同，Gemma上面也有電池轉接器，可以透過Arduino IDE編寫程式，雖然 I/O接孔數量有限，不過許多專題不需要用到那麼多接孔，因此Gemma特別適合簡單的穿戴裝置專題！

實際尺寸

XADOW-EDISON

Seeed Studio│130美元（套件附有許多零件，不過不含Intel Edison單板電腦）

Xadow-Edison開發板裝有Intel Edison單板電腦，專門為穿戴裝置設計，不僅方便而且功能強大。Xadow-Edison上面有好幾個致動器、感測器和介面模組，可以透過FFC軟排線（flexible flat cable）連接，這對於設計者來說非常方便，容易應用在穿戴裝置上。而且，單板電腦的運算性能很強，可以讓你將複雜的構想付諸實現！

專題：閃亮短裙

用Flora開發板來打造這一款用LED點綴的短裙吧！這些小燈泡會依據加速計和小型感測器資料做變換。在這個專題當中，我們不用焊接的方式，而是使用可導電的線材來連接，這個方法也可以套用在皮帶、褲子或帽子上，在makezine.com/go/led-spar-kle-skirt網頁可以找到完整的專題細節，如果對其他更多穿戴裝置的專題有興趣，可以參考Maker Media出版的《Adafruit Flora快速上手指南》（Getting Started with Adafruit FLORA），除了有專題製作的詳盡解說外，也有很多圖片輔助。

James Burke, Hep Svadja

John de Cristofaro

 文：喬登・邦可　譯：潘榮美

如何選擇開發板：
教育

開發板提供了完整的運算環境，價格不高，非常適合拿來學寫程式。剛開始玩的時候，有件事情要特別注意，開發板粗略可以分為兩種，一種有作業系統，一種沒有。兩種都可以拿來用，不過對剛接觸開發板的人來說，不含作業系統的版本可能比較容易，因為這類板子通常只支援一種語言。

無論你的選擇為何，重點就是直接動手開始寫程式！下面推薦三款很適合做為入門款的開發板。

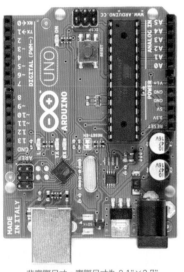

非實際尺寸，實際尺寸為 2.1"×2.7"

非實際尺寸，實際尺寸為2.2"×3.4"

非實際尺寸，實際尺寸為5.13"×5.2"

ARDUINO UNO

Arduino (Genuino Internationally) | 25美元，Make:出品的新手套件包為75美元。
Arduino本來就是為了非技術背景出身的人而設計，用的是易懂的C/C++語法，因為Arduino的軟體開發環境在不同作業系統下都相通，不管你用的是哪一種，都很快可以上手。Arduino Uno開發板不需焊接就可以連上擴充板，方便增加所需的功能。另外，Arduino開發板系列在2005年之後就有了，所以網路上很容易找到專題、教學文件等，在全世界有很大的社群可以互通聲息。

RASPBERRY PI 2 MODEL B

Raspberry Pi基金會 | 40美元，《MAKE:》出品的新手套件包為129美元。
Raspberry Pi用起來就跟電腦一樣，要連接周邊裝置（像是鍵盤、滑鼠、螢幕等），也要連接電源，大概就像是一臺1990年代的電腦吧。Raspberry Pi用的作業系統是Raspbian Linux，Linux的特色就是用圖形化介面，而且還有上百種開發環境！

KINOMA CREATE

Kinoma | 150美元
Kinoma Create是一個JavaScript（非得嚴格來說的話就是ECMAScript）成真的美夢，除了在正面蓋板底下有16個輸入和輸出針腳之外，背面電池座那一區還有50個！透過內建Wi-Fi連上線之後，就可以透過觸控螢幕來調整設定。Kinoma Create可以連上Kinoma自家的資料庫，裡面有上百個範例專題可以參考。至於要編寫程式的話，請下載他們自家的Eclipse IDE，針對較簡單的任務都有一些模擬或範本。Kinoma裝有JavaScript 6，如果網路工程師想要換換口味，這一塊開發板會是很好的選擇。

James Burke, Hep Svadja

 文：大衛・謝爾特瑪 譯：潘榮美

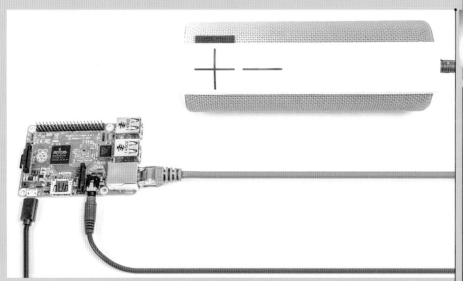

亞當・勃克帕爾
Adam Burkepile

軟體顧問，同時也是iOS獨立開發工程師。如果他沒有待在電腦前面的話，那八成就是在被人用以色列近身格鬥術痛毆吧！

材料

- » **Raspberry Pi 單板電腦**，例如 Raspberry Pi 2 Model B，MakerShed 網站商品編號 #MKRPI8，makershed.com。
- » **SD 卡，4GB 以上。**這篇拿來當整個專題的記憶體，也就是 Raspberry Pi 的硬碟。歡迎直接購買我們的豪華版 Raspberry Pi 新手套件包（Maker Shed 網站商品編號 #MSRPIK7），裡頭就有一張 8GB 的 SD 卡。
- » **Micro-USB 連接線**，連接電源用，在 Make: 新手套件包裡也有喔！
- » **乙太網路線**，Raspberry Pi 沒有內建 Wi-Fi，所以，我們在這個專題要接線來連上網路，不過如果你要用 Wi-Fi 擴充板取代也沒問題。
- » **擴音器，使用迷你音源線**，用來聽 AirPlay 廣播。

工具

- » **電腦，Mac OS X 或 Linux 都可以，要有記憶卡讀取裝置。**用來將作業系統載入 SD 卡，透過 SSH 安全協議連接 Raspberry Pi。
- » **iPhone 或 iPad**，使用 AirPlay 功能廣播，並可以拿來展示 App 功能。

專題：**用Raspberry Pi製作AirPlay接收器**

在製作無線擴音喇叭專題的同時，搞懂Raspberry Pi的運作方式吧！文：亞當・勃克帕爾，專題取自**raywenderlich.com**。

你是否曾經被無限AirPlay擴音器的價錢嚇退呢？現在，只要用這一塊價格低廉的**Raspberry Pi電腦**，就可以將任何擁有電源供應的擴音器變成AirPlay擴音器（現在有了5美元的Raspberry Pi Zero和便宜的無線網卡，這個專題的價格變得更加親民）！

現在Raspberry Pi已經有現成的AirPlay軟體（像是Volumio）了，不過自己跟著下面的步驟逐步完成這個專題，我相信收獲會非常多！本文大致介紹了專題製作方式，在makezine.com/go/raspberry-pi-airplay-speakers上可以看到更多細節內容。

1.用筆記型電腦下載Raspbian OS並安裝到SD卡上。

2.把SD卡安裝到Raspberry Pi上，將USB和乙太網路線接上，就會有電源跟網路了。

3.請使用iPhone的app Fing來尋找Raspberry Pi的IP位置（圖**A**），接著，筆記型電腦用SSH遠端連上Raspberry Pi，要做到這一點，請開啟終端機（Terminal）視窗，用你自己Raspberry Pi的IP號碼登入，像是這樣：
`ssh pi@192.168.1.10` （此處請用你自己Raspberry Pi的IP號碼取代。）

4.我們要在磁區建立一個空間，請輸入`sudo raspi-config`並選擇expand_rootfs選項，好了之後重新啟動。

5.請將軟體封包（packages）更新到最新的版本，並將預設的音訊輸出改為Raspberry Pi的迷你接頭，最後，請用以下指令下載並安裝一些需要的前置檔案：
```
sudo apt-get install git libao-
dev libssl-dev libcrypt-openssl-
rsa-perl libio-socket-inet6-perl
libwww-perl avahi-utils libmodule-
build-perl
```

6.好了之後，我們要把Github的Perl Net-SDP資料庫複製到Raspberry Pi上，目的是為了讓Raspberry Pi得以與AirPlay溝通，在SSH執行以下指令：
```
git clone https://github.com/njh/
perl-net-sdp.git perl-net-sdp
```

7.現在，請將Perl Net-SDP編譯並下載：
```
cd perl-net-sdp
perl Build.PL
sudo ./Build
sudo ./Build test
sudo ./Build install
cd ..
```

10.0.1.17　　　　My iPhone

10.0.1.18　　Raspberry Pi Foundation

A

8.安裝並執行Shairport：
```
git clone https://github.com/
hendrikw82/shairport.git
cd shairport make
```

9.最後，請輸入以下指令來啟動Shairport，並為你的AirPlay接收器取一個名稱，舉例來說，如果名稱叫做RayPi的話，請輸入：
```
./shairport.pl -a RayPi
```

好了！大功告成！現在你只要在 iOS 裝置上打開任何音訊檔案或音樂app，或者在Mac上面打開iTunes，就可以看到AirPlay裝置那一欄裡面有你的Raspberry Pi（圖**B**）囉！

要怎麼樣可以讓這個專題更酷呢？可以在 Shairport 上加入一個程式檔，然後在每次打開Raspberry Pi時都會開啟Shairport，歡迎閱讀makezine.com/go/raspberry-pi-airplay-speakers步驟教學！

iPhone

Apple TV

B RayPi ✓

時間：60～90分鐘 | **成本：20～50美元**

Hep Svadja

如何選擇開發板：
居家 自動化

把居家配備連接上感測器，來監控環境狀態、控制裝置是很好玩，但是工程有點浩大。一個可行的方法是把專題分成兩部分：一個中央處理裝置以及各個遠端感應節點。系統兩端都需要極佳的連接能力、簡單的遠端程式控制，以及低耗電量。

因為大部分住宅都沒有安裝乙太網路纜線，所以開發板要內建Wi-Fi可能會變成先決條件。如果有很多輸入輸出接孔就更好啦！

實際尺寸

實際尺寸

實際尺寸

PHOTON

Particle|19美元，含IFTTT（網路自動連結）按鍵套件版本49美元

Photon是為了物聯網量身打造，Particle公司擁有自己的雲端軟體設施，能支援自己的產品鏈，不費吹灰之力就能透過設定讓Photon連接到雲端。下載Particle的智慧型手機應用程式（Android和iOS系統皆支援）之後，把開發板連接到你的網路，就可以開始用Particle的線上開發環境來編寫程式碼了。熟悉Arduino的玩家會發現這個小小的開發板也有提供類比和數位I/O，就像Arduino Uno一樣。

WIPY

WiPy|32美元

對熟悉Python或是有興趣的人來說，WiPy是非常棒的選擇，因為WiPy正是為了連接家庭式網路而設計。WiPy不會太耗電，只需14mA，在不用的時候會自動休眠，消耗電力極低，只有5μA。加上最多達25個GPIO針腳，它能處理非常多環境感測器和致動器。

ESP8266

Expressif|3～7美元

ESP8266是市面上最便宜的獨立Wi-Fi開發板之一。它原本是用作微開發板的擴充上網工具，經過使用者翹首盼望，現在它也支援Arduino IDE編寫程式了！現在要在這個晶片上啟用程式碼，就跟用Arduino編寫程式再按個上傳一樣簡單。你可能需要我們的朋友FTDI晶片為ESP8266編寫程式，或使用內建FTDI晶片的特殊版本，像SparkFun（ESP8266Thing，16美元）或Adafruit（Huzzah ESP8266 Breakout，10美元）都有販售。

James Burke, Hep Svadja

 文：大衛・謝爾特瑪　譯：潘榮美

Hep Svadja

泰勒・溫嘉納
Tyler Winegarner
是《MAKE》的影音製作者，也是手作玩家、摩托車手、遊戲玩家。愛看推文。習慣使用工具，喜歡說故事。應該是人類吧。推特帳號@photoresistor。

材料
» **Particle Photon** 微開發板，附 Wi-Fi，Maker Shed 網站商品編號 #MKSPK01，makershed.com。
» 保護殼，約 2"×2"×5"。
» 繼電器模組，2 通道、5V、15-20mA 驅動電流，配備高電流繼電裝置，交流電 250V、10A，直流電 30V、10A，SainSmart 網站商品編號 #20-018100-CMS 或 Amazon 網站商品編號 #B00E0NTPP4。
» 跳線轉接頭，母 - 公，Maker Shed 網站商品編號 #MKKN5。
» 迷你麵包板，Maker Shed 網站商品編號 #MKKN1
» 電子線，22AWG，Maker Shed 網站商品編號 #MKEE3
» 雙面泡綿膠
» 魔鬼氈
» USB 交流電變壓器，5V、1A
» USB 線，準備 standard-A 至 micro-B 規格

工具
» 智慧型手機，Android 或 iOS 系統皆可
» 電鑽，如 Dremel 系列
» 飛利浦一字螺絲起子
» 斜口鉗和剝線鉗
» 連上網路的電腦

專題：智慧型手機鐵捲門遙控器

跟笨重的遙控器說掰掰，迎接實惠的Wi-Fi微控制器吧！文：泰勒・溫嘉納　譯：潘榮美

Tyler Winegarner

舊式的鐵捲門遙控器實在是很大支，我想要一個輕巧、便宜又安全的遙控器，要是可以一次遙控許多工具就更好了。

結果，我就誤打誤撞找到了Blynk。它是一個雲端平臺，使用者可以透過它用手機應用程式遙控各種開發板。於是我用它搭配能提供Wi-Fi的Particle Photon，來打造我的遙控器系統。

1.改裝保護殼

在兩端各裁下¹⁄₂"的洞，供電線使用。

2.組裝開發板

用膠帶將繼電器擴充板和迷你麵包板黏貼到保護殼的蓋子上。將Particle Photon插到麵包板，並按照以下方式連接繼電器：GND連到GND（藍紫色線），IN1連到D0（黃色線），IN2連到D3（紫色線），VCC連到3V3（紅色線）（圖**A**）。

3.在手機上開啟BLYNK

安裝BLYNK並註冊帳號。在應用程式輸入驗證碼就可以將手機和微控制器連接在一起，這樣一來就能輕鬆用手機遙控開發板的GPIO針腳！

4.組態設定

開啟Blynk，點選「建立新專題」（Create New Project），輸入檔名，從硬體模組清單選擇「Particle Photon」。到「Auth Token」（驗證碼）清單，點擊電子郵件圖示，把驗證碼寄到自己的信箱。最後按「建立專題」（Create Project）儲存設定。

觸碰螢幕，按下「按鈕」（Button）小工具，把針腳設定（Pin assignment）改為D0，長按著「按壓」（Push）鈕不要放開。把按鈕命名為「鐵捲門」並儲存。

5.編寫程式

開啟Particle Build IDE（build.particle.io/build）。按「新增App」（Create New App）並輸入檔名。按書籤圖示開啟程式庫瀏覽器，然後卷軸往下，找到社群程式庫（Community Libraries），在搜尋處輸入Blynk，點選搜尋結果。按「加入應用程式」（Include In App），就會把指令 #include "blynk/blynk.h" 加進程式碼。從 makezine.com/go/blynk-garage 抓下範例程式碼，貼到剛剛的「加入」（include）指令下面。最後把驗證碼換成你的個人密碼。現在按下閃電圖示，向Particle Photon閃示程式碼。

A

B

6.組裝

剪下一小條電線，把兩個繼電器橋接到專用的針腳（圖**B**）。

將原本的鐵捲門遙控器關掉。用紅色電線將繼電器最左邊的接線頭和遙控器天線接線頭接上。用黑色電線把繼電器最右邊的接線頭和遙控器的地線接上。這樣一來就完成了！把專題的盒子用魔鬼氈固定在遙控器上，再把Photon插進變壓器。現在，無論何時想打開鐵捲門，只要按下Blynk裡的「鐵捲門」按鈕就行啦！

給
泰迪熊
進行晶片腦
移植，他就會
眨巴眨巴地
開口說出
你輸入的
字！

■晶片泰迪熊

Chippy Ruxpin

Hep Svadja

時間：3～4小時 | 成本：40～60美元　　　文：安德魯・朗利　譯：潘榮美

時間回到1985年12月，我驚恐地看著爸爸把我最愛的玩具大卸八塊。我先來為不清楚的人說明一下：華斯比泰迪熊是個會說故事的『機器動物』，在我那個年代陪伴了許多人的童年。只要把官方的華斯比泰迪熊錄音帶放進牠背後，牠就會神奇地活過來，開始眨巴眨巴地開口，用讓人安心的溫柔聲音說話。我爸一定是受夠牠一直唱歌和講冒險故事逗我開心，所以決定為它接上耳機改造一番。

我那時一邊擔心我那手術臺上的機器動物朋友，一邊卻被我爸所講解的機器內部構造給吸引。錄音帶包含兩部分：一部分儲存聲音和音樂，一部分則包含特定音頻，指示電路控制嘴巴和眼睛，與發出的聲音完美同步。這一切都是事先編寫程式控制的，不是什麼魔法。

三十多年後，我在Next Thing Co.工作，每天腦筋急轉彎，用全球首創的9美元微型電腦C.H.I.P.做出好玩的東西。想起當年那寒冷的冬日午後，我靈機一動，提出要『侵入』泰迪熊的頭腦，用Wi-Fi讓牠說任何我們要牠說的話，甚至唸出我們在推特（Twitter）的發文，不錯吧？

於是我們有了專題目標：用C.H.I.P.登入使用者的Wi-Fi網路，並跳出一個網頁，上面有文字方塊讓使用者打字，或用關鍵字搜尋推特訊息讓牠唸出來。這個文字語音化系統能用來唸出任何內容，並且使泰迪熊的嘴巴自動和語音保持一致。動力來源是一個3.7V的鋰聚電池，透過用micro USB連結，用晶片內建電路來控制。

1. 手術中

製作的第一步，就是把泰迪熊開腸剖肚，看看我們要怎麼用C.H.I.P.來控制馬達。在原本的開發板上有三個連接器，分別驅動三顆馬達：上下顎及眼睛（圖 A）。每個連結器包含五條電線，我們最心儀的其中兩條，一條讓馬達向前、一條後退（圖 B）。這實在是太方便啦。

2. 連接馬達空隙

連接上下顎的馬達是分開的，如果要讓它們同步，就要把馬達接在一起。H橋電路（H-bridge）剛好適合控制馬達的方向。

這裡用的是SparkFun的馬達驅動器（Motor Driver），它有許多針腳需要接上C.H.I.P.（圖 C）。

首先把馬達驅動器的VM針腳連到C.H.I.P.上的BAT針腳，再把VCC、PWMA、STBY和PWM B針腳連到C.H.I.P.的VCC-5V線路上，就完成驅動馬達的電路。然後，將所有GND接上C.H.I.P.的GND。

現在連接I/O訊號，告訴馬達要往哪裡移動。將特定的邏輯訊號（logic signal）傳送至針腳會驅動馬達向前，另一種訊號則會使它返回。這樣就能控制眼睛上下和嘴巴開闔。

將馬達驅動器的AIN1針腳接到C.H.I.P.的XIO-P0針腳，AIN2接到XIO-P2，BIN1接到XIO-P4，然後BIN2接到XIO-P6。最後，把馬達驅動器的A01和A02針腳接上泰迪熊的上下顎馬達，B01和B02接上眼睛的馬達。

為了整理整個線路，我們從原型板自製了一個擴充板，插進C.H.I.P.的I/O接頭（圖 D）。讀者們可以用迷你麵包板和跳線

安德魯·朗利
Andrew Langley

Next Thing Co. 的軟硬體開發員，曾擔任工程師、設計師，為Telltale Games撰寫遊戲，參與過《陰屍路》和《我的世界：故事模式》（Minecraft: Story Mode）等大型電玩製作。他還在電影《天才小搗蛋》露過面！

材料

- » **C.H.I.P. 單板電腦**，9 美元，Next Thing Co. nextthing.co
- » **華斯比泰迪熊玩具**，這裡用的是 1985 年的版本，你的版本可能不同，能用就行了！
- » **H 橋雙馬達驅動器**，TB6612FNG 擴充板，SparkFun 網站商品編號 #ROB-09457
- » **單體鋰電池**，3.7V
- » **音源線**，3.5mm
- » **原型板和公排針（非必要）**，或附跳線的迷你麵包板

工具

- » **焊鐵**
- » **螺絲起子，飛利浦**
- » **接上網的電腦**，或外接螢幕鍵盤到 C.H.I.P.

Richard Reininger

C.H.I.P. 你的寵物

1985年，在Furby菲比小精靈、AIBO玩具機器狗和Pleo電子寵物恐龍都還未出現的時代，Worlds of Wonder出產了會說故事的填充玩具華斯比泰迪熊（Teddy Ruxpin），它是第一個藉由錄音帶播放出講話聲音的機器動物玩具，同時也用錄音帶上的資料控制馬達動作。

現在，我們要拋下舊式泰迪熊的電子裝置，換上9美元的微型電腦，創造我們自己的音檔，讓機器動物動嘴說話！

1. 原本的伺服機，用來控制眼睛和嘴巴。

2. 原本的喇叭，用來播放語音和音訊。

3. 泰迪的五臟六腑會被移除，包括開發板、錄音帶播放器、音訊與資料磁帶、四顆沉重的一號電池。

4. C.H.I.P電腦藉由內建Wi-Fi連上網路，將輸入的文字或推特訊息轉為語音訊息，傳到擴音器，同時分析語音訊息強度，使得嘴巴可以同時動作。

5. 將H橋馬達控制器板裝在自製的擴充板上，插上C.H.I.P驅動伺服機。

6. 3.7V鋰聚電池，直接插進C.H.I.P，提供動力。

Damien Scogin

來製作。

3. 泰迪熊，說話吧！

泰迪熊已經有喇叭了，所以直接把喇叭的兩條線接到3.5 mm電線，再連接到C.H.I.P上的影音接頭就行了。把3.7伏特鋰聚電池拔掉放進C.H.I.P，這樣硬體就大功告成。別猶豫，把它塞進熊熊的肚子裡吧（圖 **E**）。接下來開始處理軟體的部分。

4. 軟體

晶片泰迪熊的魔法之所以有效，部分的秘密來自Wi-Fi遙控。現在就讓泰迪熊連上網來下載軟體吧。

你需要先登入C.H.I.P.的作業系統，輸入一些指令。可以選擇把C.H.I.P.外接螢幕和鍵盤，或是用網路遠端操作，詳細步驟可以參考我們 42.nextthing.co 網站上的教學。登入之後就要設定Wi-Fi。輸入以下文字，不換行：

```
sudo nmcli device Wi-Fi connect
<your Wi-Fi network name/SSID>
password <your Wi-Fi password>
ifname wlan0
```

現在於目的區塊輸入以下指令，就可以要下載所需的軟體來安裝：

```
cd ~/
sudo apt-get install git
git clone https://github.com/
    NextThingCo/C.H.I.P.pyRuxpin.
git
```

這個指令是叫出專題的Python程式碼，分為幾個區段：音檔播放器、Bottle網路框架、推特程式庫、以及控制C.H.I.P.上的GPIO針腳來驅動馬達。

程式碼其中一部份使用eSpeak，它是一個免費的文字語音化引擎，可以從文字生成WAV檔案。最酷的地方是我們的音檔程式碼，不但可以播放音訊，還可以分析WAV檔來判斷音量；如果音量大，控制嘴巴的馬達就會使它張大，反之則閉起，同步到如此地步真的很神奇。

要開啟應用程式，只要輸入以下指令：

```
cd chippyRuxpin
sudo python chippyRuxpin.py
```

完成後會看到顯示訊息：

```
CHIPPY RUXPIN IS ONLINE!
In your browser, go to
    http://10.1.2.52:8080
```

（晶片泰迪熊上線囉！請從瀏覽器開啟http://10.1.2.52:8080）

現在從任何電腦、平板或智慧型手機，都可以瀏覽這個網頁，上面會顯示一個文字方塊。在裡面輸入的文字都會傳送到C.H.I.P.的Python腳本程式來生成音檔，從泰迪熊內部的喇叭播放，嘴巴一張一闔看起來就像真的在說話一樣！

晶片泰迪熊還能搜尋和朗讀推特內容。這個功能需要先設定，准許C.H.I.P.獲取推特帳號。在讀我（README）檔案裡就有相關教學。想像一下晶片泰迪熊唸出@nextthingco、@colbertlateshow、@NASA或@WhatTedSaid的推特，一定超好笑！

更進一步

這個專題還有很多可以地方可以鑽研。說不定你還想從地球另一端遙控它，或拿它來嚇你的朋友，甚至讓牠創建自己的Wi-Fi熱點。有了低成本又內建無線多功能的C.H.I.P.，你可以開發出無限可能！
ᕦ(•̀_•́)ᕤ

想看說話的晶片泰迪熊嗎？想分享你的製作成果嗎？請上專題網頁makezine.com/go/chippy-ruxpin。

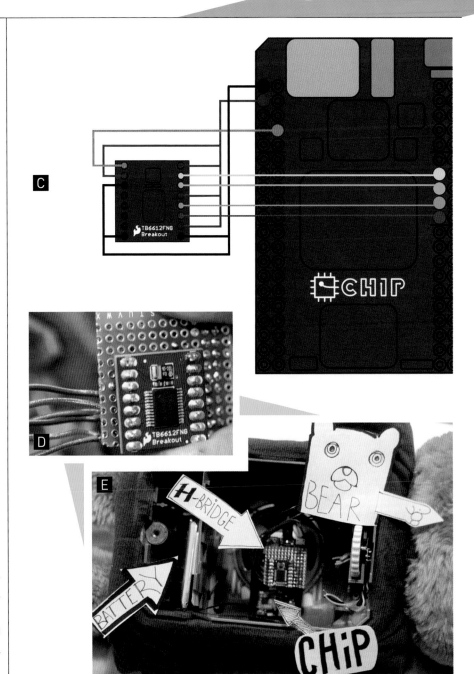

Skill Builder

準備好迎接超量資訊了嗎？這個部分會介紹各種不為人知的小祕訣，對專家或業餘玩家皆有所幫助。

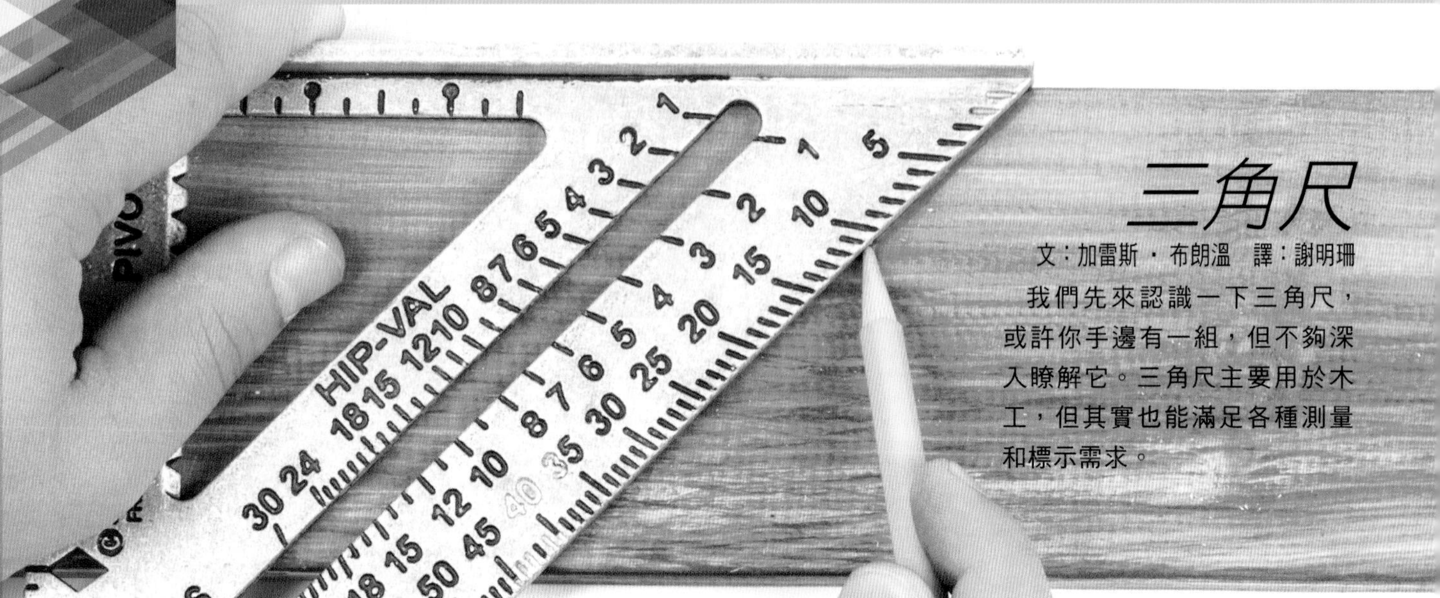

三角尺

文：加雷斯・布朗溫　譯：謝明珊

我們先來認識一下三角尺，或許你手邊有一組，但不夠深入瞭解它。三角尺主要用於木工，但其實也能滿足各種測量和標示需求。

什麼是三角尺？

三角尺是一種多功能的測量工具，有鐵製、鋁製和塑膠製等。這種常見於木匠工具箱的工具可做為直尺、直角尺、量角器、劃線器、等寬木板的切割導板、以及能幫助你精準地鋸出90度和45度角的手鋸導板等。直角尺是其最主要的用途，能迅速地測量出與木板邊緣垂直的直線；它也可做為斜角尺，準確標示出45度角；它也能做為量角器，標示出各種常見的角度，在測量屋頂木椽的斜度，以及樓梯邊板（亦即樓梯的垂直支撐）的角度時都很好用。

三角尺是由艾伯特・史汪森（Albert Swanson）於1925年發明。史汪森是住在芝加哥外圍小鎮的木工師傅，他為了能迅速標示出屋頂斜度而創造出這種工具。在他發明了三角尺後，其他木工也紛紛跟他訂做，他於是成立了史汪森器材公司（Swanson Tool Company）。三角尺（Speed Square)的名稱其實是商標名，但就像舒潔（面紙）的商標一樣，也成為了這種工具的通稱。史丹利（Stanley）和歐文（Irwin）公司也出產了類似的工具，只是給予了不同的名稱（前者稱 Quick Square，後者稱Rafter Square）。

加雷斯・布朗溫
Gareth Branwyn

加雷斯・布朗溫是位自由作家，先前於 Maker Media 擔任總編輯，曾著作及編輯過十餘本關於科技、DIY 和極客文化的書籍。他目前為 Boing Boing、Wink Books 和 Wink Fun 的撰稿人，他更將著作精選集結成冊，寫出一本名為《Borg Like Me》的「懶人回憶錄」。

小祕訣

如果你臨時找不到氣泡水平儀，也可以使用三角尺來測定水平線。你需要一個垂球架，只要用一條線和一顆螺帽（或者其他重量合適的物品），即可自行打造。

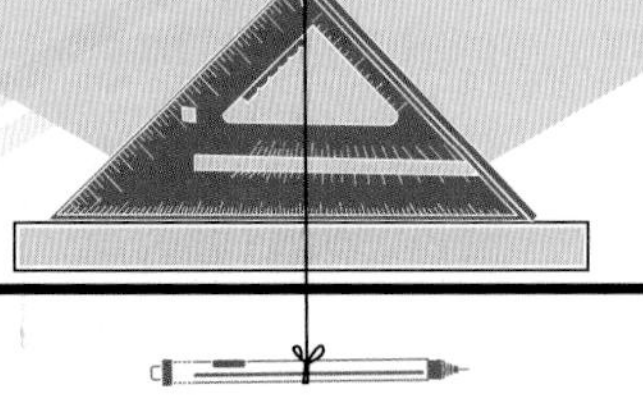

Hep Svadja

三角尺有什麼功能?

標示

三角尺最常見的用途就是做為直角尺。三角尺直角兩側的某一邊有靠邊,能夠緊貼著木板邊緣,讓你可以輕鬆地沿著直角的另一側邊,畫出跟木板的「封邊」完美垂直的直線。你也可以用同樣的方法,利用三角板三角形的那一側畫出完美的45度角。

測量角度

要使用量角的功能,你必須先在三角尺的90度角處找到支點。在木板的封邊標示支點後,接著轉動三角尺的底側(亦即有度數的那一側),讓三角尺跟封邊之間顯示你想要的角度(比方45度),這時候你所轉動的底側,就會跟木板封邊呈現45度角,標示好角度後,即可開始切割。

手鋸導板

三角尺的另一個常見用途,就是能以精準的90度和45度角橫切木頭。將三角尺的靠邊緊貼著木板的封邊,其直角或45度角的另一側便可做為手鋸或圓鋸的導引。

測量

三角尺有一側是傳統英式直尺,分成7"和12"兩種(取決於三角尺的型號),直尺下方有一塊三角形的挖空處,被稱為「劃線帶」,每隔¼"就會標示出一個節點。若要繪製木板的裁切線,只要將三角尺的靠邊緊貼著木板的封邊,鉛筆放置在你想要的節點上,並隨著三角尺沿木板滑動,就能在木板上畫出整條木板裁切線了。你也可以利用挖空處的直角,來確認任何直角的準確度。

測量斜度

三角尺做為量角器使用時,可以迅速標示出常見(和不常見)的屋頂木椽斜度。我們會用到內部的一個主量角器和兩個特殊的角度導引板。在量角器正上方的導引板寫著「常見」(Common)這個字樣,標示出1"至30"長的屋頂斜邊常用的高度(以英吋計算,橫邊以12"計)。這個導引板正上方有另一個寫著「四坡屋頂」(HIP-VAL)字樣的導引板,標示出四坡屋頂的橫邊以12"計時常用的高度。

其他有趣的功能

史汪森三角尺還有一項有專利權的特色──位於直尺那一側邊的菱形挖空。這個挖空可以針對木板上的線條再畫出一個完美90度的線,對切割屋頂木椽特別有幫助。

Jim Burke

數位儲存示波器

文：喬登・邦可
譯：謝明珊

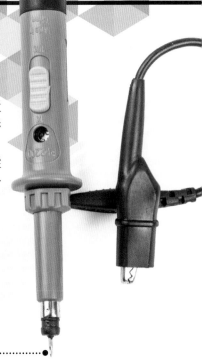

若你打算維修某種高階電子產品、進行疑難排除或逆向工程，就得用到示波器。過往的示波器採用類比形式，亦即利用真空管和電子束把訊號「畫」在磷光板上，但現代示波器已數位化，可以把訊號儲存起來，之後再來觀看。但光示波器的操作入門，就可以寫成一本小書，因此本文只介紹基本原理，讓你對這個看似複雜的工具能有個初步的認識。

簡單來說，示波器能夠隨著時間顯示出電子訊號的圖形變化，示波器螢幕的縱軸為電壓，橫軸則是時間。由於示波器採用類比數位轉換器，能將測量到的電壓轉換為數位訊號，取得一系列樣本，繪製出近似的波形，再顯示於LCD上。繪出的波形能夠儲存起來，便於進行分析或觀察。

儲存示波器的控制鈕，大多用來調整縱軸、橫軸或觸發設定，這些控制鈕甚至分門別類，分別位於開發板的不同區域。

示波器的一般規格

頻寬
示波器可測量的頻率範圍。

取樣頻率
決定每秒可讀取多少次訊號。為了重建波形，示波器會對訊號取樣。取樣頻率愈高，所顯示的波形愈準確。

解析度
影響到示波器能測量出的電壓訊號準確度。

時基
你可以控制數位儲存示波器每隔多久將訊號樣本數位化。一旦你調整橫軸，時基也會跟著調整。

頻道
示波器可讀取的訊號數目。每個訊號都會輸入到個別的頻道，中階的示波器大多可以同時在螢幕顯示兩個以上的訊號。

RIGOL DS1054 **Z** OSCILLOSCOPE *UltraVision* 4 Channel 50MHz 1GSa/s

探棒

為了測量訊號，你必須將訊號用示波器上的其中一個頻道用探棒連接。探棒的尖端可深入電路，還有夾子可以固定在電線或針頭上。探棒側邊的彈片必須在測試電路時連接至共同接地點。

探棒有很多種類，但大多數的示波器都是用1X～10X 可切換探棒，這種探棒能提高高頻訊號測量的準確度，卻會降低訊號測量的振幅。10X探棒幾乎適用於所有測量工作，但要測量電壓低的訊號時可能要換成1X。

喬登・邦可
Jordan Bunker
目前為《MAKE》的技術編輯，他也是位無所不知博學家，有著許多鬼點子，喜歡操縱原子和位元，而他經常窩在奧克蘭的地下室工作坊。

Hep Svadja

橫軸（時間）

示波器螢幕的橫軸，顯示波形的時間長短。

位置

這顆旋鈕能讓你調整在固定週期內所能夠看到的波形範圍，就像將波形左移或右移一樣。

尺度

這顆旋鈕能讓你調整時基，可選擇顯示較長或較短時間的波形，能調整每幅波形的秒/格。

觸發設定

觸發設定可指示示波器有哪些訊號要「觸發」或啟動取樣，有助於穩定螢幕所顯示的波形，以靜態的方式呈現。

數值

這顆旋鈕是用來設定在多少電壓之下能觸發示波器。

類型

設定示波器所觸發的波形類型，常見的有邊緣、脈衝和延遲三種。若想深入瞭解你的示波器所適用的觸發類型，不妨翻閱使用手冊。

模式

示波器通常有好幾種觸發模式，但最常見的是一般、單次和自動模式。一般模式只在訊號達到預設觸發條件時才會啟動。單次模式唯有偵測到觸發條件，才會取樣單一波形並隨即停止。自動模式就算未達觸發條件，每隔一段特定時間就會啟動。

縱軸（電壓）

示波器螢幕的縱軸，呈現波形的振幅。

位置

這顆旋鈕用來調整顯示訊號的電壓補償，使其在螢幕中上移或下移。

尺度

這顆旋鈕可調整螢幕所顯示的電壓尺度，並能針對每個部分調整電壓。

輸入耦合

此功能可能是按鍵，也可能需要從選單中進行設定，不管頻道是交流、直流或接地耦合都可以適用。直流耦合會顯示所有輸入訊號，交流耦合則會防堵任何直流訊號，因此你會看到交流訊號集中於0電壓的位置。當你想比較不同頻道的訊號時，可用接地耦合做為參照點。

MATH鍵

示波器通常有「MATH」按鍵，可用來拆解波形，並顯示於螢幕上，很適合針對波形進行深入分析。

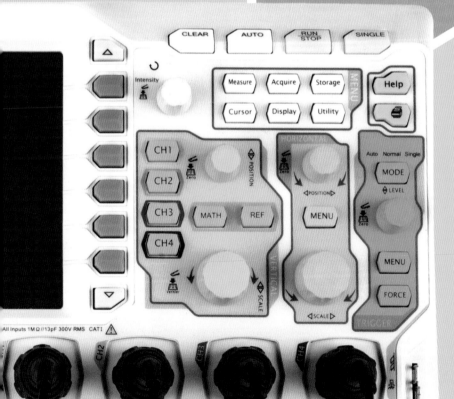

電子機殼

文：馬修・波嘉帝　譯：謝明珊

幾乎每一個電子專題最後都會使用到機殼。做為專題中不可或缺的一部分，機殼堪稱是電子世界的無名英雄。你所設計的機殼將會是決定專題成功與否的關鍵因素。

設計與準備工作

　　為了確定電子專題機殼的大小、電子零件如何排列、以及外部接頭如何安裝等，你必須先試著實際裝配零件。若手邊沒有所有的零件，不妨先參考產品標示來繪製或列印出相似大小的圖樣。

　　列印圖對於設計零件孔幫助很也大，你可以在列印圖上標出零件孔的位置，再把列印圖暫時黏貼到機殼上。此時你便可以用中心衝及鐵槌輕輕在零件孔的中心敲打出凹洞，對之後機殼表面的鑽孔工作很有幫助。

馬修・波嘉帝
Matthew Borgatti
波嘉帝身兼自造者、設計師和工程師。他是仿生軟機器人實驗室Super-Releaser的首席科學家，該實驗室致力於將實驗性質的機器人技術實際運用在生活之中。

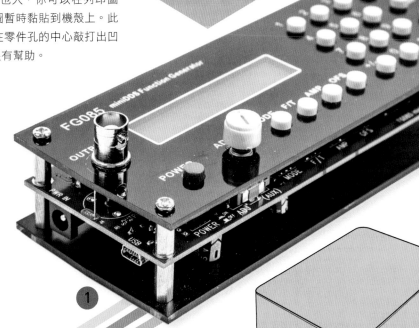

Hep Svadja

Jim Burke

機殼類型

機殼有很多種型式，包括方便取得的現成機殼，以及內建扣件的3D列印客製機殼等。而如何挑選機殼類型，則取決於機殼即將面臨什麼樣的環境條件。

三明治機殼❶能夠兼顧方便性和安全性，基本上就是以支座隔開的兩片板子，零件則位於這兩片板子之間。

另一個常見的方法是雷射切割底座❷，以便電子零件安置在其中，最後再以扣件或螺絲，將底座和3D列印的蓋子連接在一起。

若是從無到有自製機殼，則會讓我們有機會想出更聰明的設計元素、更便利的扣件和更穩固的連接處，但可能會耗費掉不少時間精力。

不妨多加嘗試各種裝配方式和機殼吧！雖然過程中不免會碰到難以組裝、拆解和維修的設計。

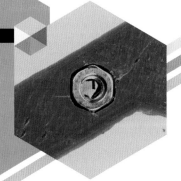

製造和裝配

這些扣件和接頭都能使你的特製機殼更容易組裝。

螺紋襯套

可以為任何孔洞加上金屬螺紋。只要挑選合適大小的螺絲，便可以隨著旋入。這對於塑膠零件來說很方便，因為塑膠零件經常需要維修，不時需要拆解和組裝螺絲。一旦螺旋體磨損，只需要汰換即可，不用重新鑽孔。

卡式螺帽

你只要做出六角螺帽的凹槽（比六角螺帽寬約¼毫米），就能迅速插入這種扣件。從凹槽進入的螺絲都會被牢牢栓住。

熱壓螺帽

能將螺紋孔固定在3D列印機殼上。只要用烙鐵加熱，就能使熱壓螺帽與機殼的孔洞融在一起。

Hep Svadja

Jim Burke

在塑膠材料上鑽孔

你的下一個專題很有可能就會用到塑膠機殼了。塑膠容易取得、輕量、堅固而且便宜，但較難以在上面鑽孔。你可以找到塑膠專用的鑽頭，價格很便宜，最大的賣點就是在鑽頭移動時，塑膠不會跟著滑動。

只要你有鑽床，鑽孔前先做好夾壓的工作，即可鑽出優質的孔洞。

為了能準確鑽孔，請務必以中心衝標示洞口的位置。有了這個凹洞，就算是尼龍或聚甲醛等耐用的塑料，都能夠輕鬆鑽出小孔了。

工具

下列工具有助於你為下一個專題製作最佳機殼。

熱風槍

用打火機融化固體膠棒並不難，但如果熱風槍只要不到10美金，還能為無數電線製作固定接頭，你就會慶幸自己有一把。

墊圈

墊圈是製造過程中的秘密武器。你曾經不小心買到太長的螺絲嗎？你曾經不小心把鑽孔弄得太大，以致扣件無法安裝嗎？墊圈可以拯救你。

螺絲柱

說到連接開發板等工作，螺絲柱可以為你省下不少麻煩，我建議購買便宜的套組，內含各種長度的公頭／公頭、公頭／母頭、母頭／母頭螺絲柱。

錐形埋頭鑽

如果你想要清理小孔，沒有其他工具比錐形埋頭鑽更適合，其中還有一種倒角的修邊工具，可以修整剛切割不久的金屬或塑膠邊緣。

銼刀

有時候你會需要打磨零件來讓電線順利穿過，不妨買一套內含各種型號的小銼刀，對這種專題很管用。銼刀組通常會被裝在便宜的塑膠袋中，但它們很適合被放入鉛筆盒裡。

小祕訣

有些堅硬的塑膠可能承受不了打洞的壓力而碎裂。這時候，你可以利用¹⁄₈"的鑽頭多鑽個幾圈，直到產生一些碎片。

熱熔膠

文：喬登‧邦可　譯：謝明珊

熱熔黏合劑俗稱熱熔膠，是許多工匠最愛的黏劑，其用途也相當廣泛。以下是一些有關熱熔膠的點子和建議，可能會讓你對熱熔膠愛不釋手。

固體膠棒

固體膠棒有各種不同的顏色，有些甚至含有亮片，可以在黑暗中發光。固體膠棒也有高溫和低溫之別，高溫的黏著性較強。兩用熱風槍能用於高溫和低溫膠棒，可以隨意切換溫度。

熱風槍

若你想重新調整已黏好的熱熔膠，只要用熱風槍重新加熱，即可改變其位置。

罐裝空氣

若你正在趕時間，等待熱熔膠風乾的空檔可能會讓你萬分沮喪。不妨使用經壓縮的罐裝空氣來瞬間降溫吧！只要把罐子上下顛倒，直接噴在剛上熱熔膠的區域，熱熔膠就會馬上降溫，隨即固化。要小心不要噴到自己手上，或是任何不應該降溫的東西，否則會灼傷皮膚。

小祕訣

熱熔膠可能會黏到你的皮膚並導致灼傷，在固化之後更是難以移除。最好備用一碗冷水，將黏上熔膠的手浸泡到水中，可以快速冷卻熱熔膠，減輕灼傷的傷害。

鑄造

熱熔膠不只是黏膠，也是鑄造小物的好幫手。在你打造石膏（或3D列印）鑄模後，把熱熔膠噴在鑄模的空心處即可。

墊子

你開始使用熱熔膠前，請先鋪上矽膠墊或羊皮紙（不要用蠟紙），這樣任何溢出的熱熔膠在冷卻後都能輕鬆剝落。

變性酒精

如果你想去除熱熔膠，不妨沿著熱熔膠的邊緣，塗上少量變性酒精，可以讓熱熔膠失去黏性。

Make: EBOOK

訂閱數位版Make國際中文版雜誌，
讓精彩專題與創意實作活動隨時提供您新靈感！

Make:

http://www.makezine.com.tw/ebook.html

備註：

○ 數位版Make國際中文版雜誌由合作之電子平台協助銷售。若有任何使用上的問題，請聯絡該電子平台客服中心協助處理。

○ 各電子平台於智慧型手機／平板電腦閱讀時，多數具有平台專屬應用程式。請選擇最能符合您的需求（如費率專案／使用介面等）的應用程式下載使用。

○ 各電子平台之手機／平板電腦應用程式均可免費下載。（Andriod系統請至Google Play商店，iOS系統請至App Store搜尋下載）

DIY
文：吉姆・貝克　譯：屠建明

Concrete Lantern

DIY 混凝土燈

輕鬆鑄造能屹立數十年的日式庭院風混凝土燈！

時間：
4～6天

成本：
100～200美元

吉姆・貝克
Jim Becker

早在8歲就開始製作東西。1977年於布朗大學取得生物醫學學位後，他和高中同學安迪・梅耶（Andy Mayer）創立 becker&mayer!。該公司後來成為美國最大的書商，產品包括為美國學樂教育集團所設計的科學套件，以及盧卡斯影業的創新書籍。吉姆目前於 becker&mayer! 旗下的獲獎科學玩具公司 SmartLab 擔任創意總監。

材料

- » 快凝混凝土，60磅／袋（6），例如 Quikrete
- » 混凝土漿，50磅／袋
- » 合板，⅝"，尺寸 4'×8'（2），可選用 CDX 或其他非表面等級
- » 六角板金螺絲，5⁄16"，長 ½"（50）
- » 木螺絲或牆用螺絲，1"（50）
- » 直角支架，1"（20）
- » 高品質防水膠帶，寬 2"
- » 廢木材，2×2，長 12" 到 18"
- » 混凝土黏著劑，10 盎司／條（2），例如 Quikrete Polyurethane Construction Adhesive
- » 硬質發泡絕緣板，厚 1"，約 12"×30"

工具

- » 圓鋸（較佳）或鋸臺，安裝多用途刀片
- » 電動螺絲起子
- » 套筒組，搭配 ¼" 起子
- » 砂紙
- » 水平儀
- » 1 夸脫量杯
- » 約 12"×16"×6" 的水槽，用於混合混凝土
- » 防塵口罩或面罩，於混合混凝土時配戴
- » 至少 8'×8' 的防水布，用於維持清潔
- » 厚垃圾袋
- » ½" 鑽頭與電鑽
- » 孔鋸
- » 手鋸
- » 矽膠槍

八年前我去了一趟日本，身為觀光客的一員，我也參觀了很多美麗的日式庭園。

日式庭園有個共通點，那就是各種尺寸和造型的混凝土燈或石燈。回家後，我便決定自己做一個。

這款燈是我自己設計的，沒有參考特定的造型，但可以將其視為傳統庭園風格的代表。雖然製作這個燈並不困難，但有很多步驟，所以我畫了一些簡圖，讓大家更容易理解。

鑄造混凝土燈所用的模具都是以 $5/8$" 合板製成。我用的是便宜的 CDX 合板，它會使混凝土表面呈現木材顆粒的質感。如果想要表面更光滑，可採用更高階的平滑合板。

鑄造混凝土燈

這個混凝土燈有6個組件：底座、柱體、臺座頂、窗箱、遮篷和頂飾。可以到 makezine.com/go/concrete-lantern 下載原尺寸圖解。

1. 製作基本模具

主要使用 1" 的螺絲或直角支架搭配 $1/2$" 螺絲來組合合板，需要的話可以打磨粗糙的部位。

我們從底座／臺座頂的模具（圖 Ⓐ、Ⓑ）開始，按圖切割再用螺絲接合。我用 $1\,1/2$" 螺絲把側面固定到底座，但用 1" 的也可以。注意，需重複施做兩次：底座和臺座頂。

接著製作遮篷模具（圖 Ⓒ、Ⓓ、Ⓔ、Ⓕ）。因為形狀較複雜，先用防水膠帶固定板子有助於施工，而且這個截角金字塔型的模具只要用膠帶就能組成。

再來是柱體模具（圖 Ⓖ），這是個簡單的箱型；還有頂飾，雖然較小，但它是由兩個模具併在一起所組成（下頁圖 Ⓗ、Ⓘ、Ⓙ）。

2. 製作窗箱模具

這個模具比較需要技巧，因為它要在箱內構成負空間做為窗戶。其外模是簡單的箱型；而內模則是由較小的箱型及用防水膠帶固定在四個側面的泡棉塊。待混凝土固化後，我們會移除泡棉塊，窗戶就產生了。

Ⓐ **底座與臺座頂模具**
模具皆以 $5/8$" 合板製作

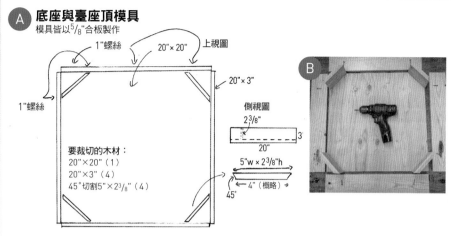

1" 螺絲
20"×20"
上視圖
1" 螺絲
20"×3"

側視圖
$2\,3/8$"
20"
3"

要裁切的木材：
20"×20"（1）
20"×3"（4）
45°切割 5"×$2\,3/8$"（4）

5"w × $2\,3/8$"h
4"（概略）
45°

Ⓑ

Ⓒ **遮篷模具**

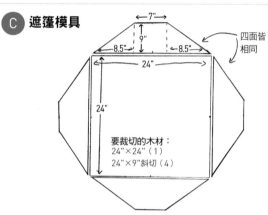

7"
9"
8.5"
8.5"
四面皆相同
24"
24"

要裁切的木材：
24"×24"（1）
24"×9" 斜切（4）

Ⓔ

Ⓕ

Ⓓ **Canopy Form Assembly**

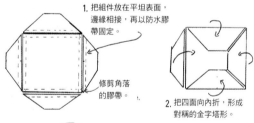

1. 把組件放在平坦表面，邊緣相接，再以防水膠帶固定。

修剪角落的膠帶。

2. 把四面向內折，形成對稱的金字塔形。

3. 將四個接縫都以膠帶黏貼。

膠帶

側視圖

Ⓖ **臺座頂柱體**

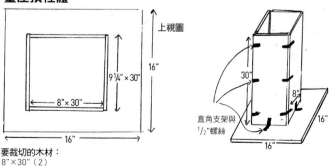

上視圖
16"
$9\,1/4$"×30"
8"×30"
16"

16"
30"
8"

直角支架與 $1/2$" 螺絲

16"

要裁切的木材：
8"×30"（2）
$9\,1/4$"×30"（2）
16"×16"（1）

H 頂飾底部模具

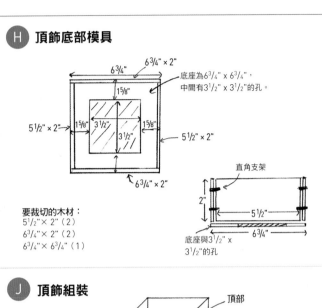

6³/₄" × 2"

6³/₄" × 2"

底座為6³/₄" × 6³/₄"，
中間有3¹/₂" x 3¹/₂"的孔。

1⁵/₈"

5¹/₂" × 2"

1⁵/₈" 3¹/₂" 1⁵/₈"

5¹/₂" × 2"

3¹/₂"

6³/₄" × 2"

直角支架

2"

5¹/₂"

6³/₄"

底座與3¹/₂" x
3¹/₂"的孔

要裁切的木材：
5¹/₂" × 2"（2）
6³/₄" × 2"（2）
6³/₄" × 6³/₄"（1）

I 頂飾頂部模具

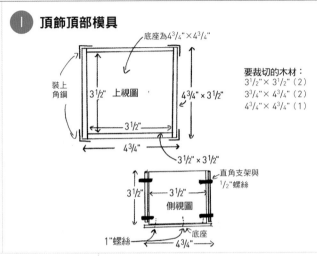

底座為4³/₄" × 4³/₄"

裝上
角鋼

3¹/₂" 上視圖

4³/₄" × 3¹/₂"

3¹/₂"

要裁切的木材：
3¹/₂" × 3¹/₂"（2）
3³/₄" × 4³/₄"（2）
4³/₄" × 4³/₄"（1）

3¹/₂" × 3¹/₂"

3¹/₂" 3¹/₂"

側視圖

直角支架與
¹/₂"螺絲

1"螺絲

底座

4³/₄"

J 頂飾組裝

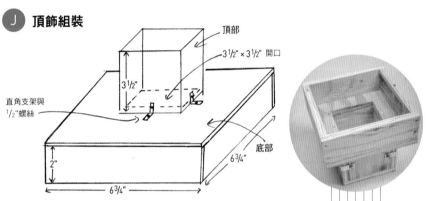

頂部

3¹/₂" × 3¹/₂" 開口

3¹/₂"

直角支架與
¹/₂"螺絲

底部

2"

6³/₄"

6³/₄"

K 窗箱外模

13"

10¹/₄"

9¹/₂"

13"

13"

13"

9¹/₂"

9¹/₂"

10¹/₄"

13"

要裁切的木材：
9¹/₂" × 9¹/₂"（2）
9¹/₂" × 10¹/₄"（2）
13" × 13"（1）

L 窗箱內模

底座 3¹/₂" × 3¹/₂"

直角支
架與¹/₂"
螺絲

8"

4¹/₄"

5¹/₂" × 8"

4¹/₄" × 8"

5¹/₂"

5¹/₂"

5¹/₂"

合板的平滑面朝外。

要裁切的木材：
4¹/₄" × 8"（2）
5¹/₂" × 8"（2）
5¹/₂" × 5¹/₂"（1）

請依圖示製作外模和內模的箱型（圖K、L）。

從1"泡棉板切出10塊邊長5¹/₂"的正方泡棉塊，並用2"寬的防水膠帶把兩塊泡棉接在一起，構成2"厚的方塊（圖M），重複這個步驟共可做出4個方塊。

接著用防水膠帶把一個泡棉塊接到內模的底面，再來在每一側離底面2"處接上一個方塊，並與合板底面貼齊（圖N、O）。

把內模放入外模中（圖P），並確認接合穩固，否則灌入混凝土時可能會因漂浮而使位置錯誤。如果太緊，可用砂紙稍微打磨泡棉塊，或者乾脆先移除外模其中一面的板子，放入內模後，再把板子裝回去，泡棉塊稍微擠壓到沒關係。

3. 調製混凝土

我發現最好的做法是先放入4份水泥和1份水，接著再加水調整稠度。用1夸脫量杯量4夸脫混凝土倒入水槽中，接著倒入1夸脫水，攪拌至粉末完全溶解（圖Q）。再依需求加入少量水，直到稠度類似鬆餅麵糊。

持續攪拌5分鐘。建議每批只調製這樣的混凝土量，因為更大的量會很難攪拌，而且還有更多攪拌等著你。

4. 臺座頂和頂飾的灌漿

把混凝土倒入底座/臺座頂模具，直到填滿頂部；接著倒入頂飾模具中，直到填滿頂部（圖R）。讓這兩個組件靜置一夜固化，若可靜置24小時最好。

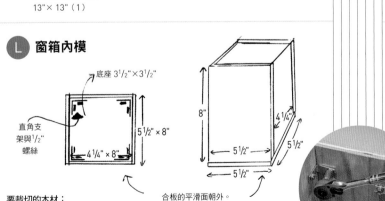

Ⓜ 組裝泡棉塊

用1"厚硬式發泡絕緣板切割出8個 $5\frac{1}{2}$" x $5\frac{1}{2}$" 方塊。

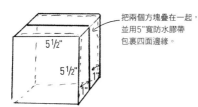

把兩個方塊疊在一起，並用5"寬防水膠帶包裹四面邊緣。

$5\frac{1}{2}$"
$5\frac{1}{2}$"

Ⓝ 組裝窗箱內模泡棉塊

圖為一側面方塊及底部方塊。

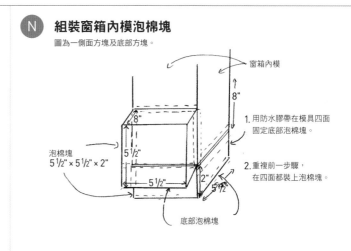

窗箱內模

8"

1. 用防水膠帶在模具四面固定底部泡棉塊。

泡棉塊
$5\frac{1}{2}$" x $5\frac{1}{2}$" x 2"

2. 重複前一步驟，在四面都裝上泡棉塊。

$5\frac{1}{2}$"
$5\frac{1}{2}$"
2"

底部泡棉塊

注意： 把多餘的混凝土倒入厚垃圾袋，並儘量把殘留在水槽的混凝土刮除。請在室外用水管沖洗水槽，沖到徹底乾淨前不要把水槽放進洗臉檯等處沖洗，否則混凝土可能會堵塞水管。

在製作其他組件前，先確認臺座頂和頂飾已經固化妥當。把臺座頂模具的螺絲卸下，接著小心地移除側面板。可能要用力才能把合板從混凝土上拉下來，但別擔心，它沒那麼脆弱。拆下的面板都要保留，因為還要用相同的模具鑄造底座。

頂飾固化後，小心地拆下所有面板（圖Ⓢ）。如果頂飾的頂面比方形孔還寬，這一塊可能會較難移除，可能需要用手鋸把這塊切掉（圖Ⓣ、Ⓤ）。

5. 底座、柱體及遮蓬的灌漿

臺座頂和頂飾都製作成功的話，就可以繼續進行其他組件。

把底座／臺座頂模具重新組裝起來，鑄造一個相同的組件當作底座。柱體的體積較大，需要超過一包的混凝土用量，但同時攪拌這麼多混凝土很困難，所以可分成四批來填滿模具，作業時須注意水平。

柱體這塊會特別重，所以如果覺得自己不夠強

壯，或是沒有幫手，我建議可以只把模型填半滿，讓柱體短一些，這樣做出來的混凝土燈仍然很好看。

進行遮蓬灌漿時，務必讓混凝土把模具填滿，尤其是比較窄的狹角邊緣。把第一批混凝土調稀一點，這樣能比較容易進入狹角處。後續的混凝土再回到原本的稠度。可能會看到一些混凝土液體從角落滲出，不過這沒關係，因為確保裡面沒有產生氣孔比較重要。

把整個模具充分搖晃，再把模具填滿到方形孔的下緣，並靜置24小時固化（但因為混凝土比較稀，理想時間建議是48小時）（下頁圖Ⓥ）。

固化後只要把膠帶拆下就能把面板拉下來（圖Ⓦ），如果有些邊緣看起來有點粗糙無傷大雅；根據我的經驗，很多人偏好這種「粗獷」的質感。

重要事項：進行灌漿前要把模具放在水平的地面。如果沒有水平，組件的頂面和底面就不會平行！用氣泡水平儀（或手機上的水平儀應用程式）搭配墊圈來校正模具的水平。

6. 窗箱的灌漿

既然你已經成為混凝土專家，讓我們開始

重要事項：
進行灌漿前要把模具放在水平的地面。如果沒有水平，組件的頂面和底面就不會平行！用氣泡水平儀（或手機上的水平儀應用程式）搭配墊圈來校正模具的水平。

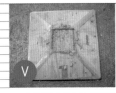
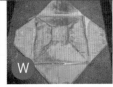

進行混凝土燈最複雜的組件：窗箱。窗箱有一些比較薄的部位，如果使用一般的快凝混凝土可能會裂開，所以我們採用一種稱為「混凝土漿」的特殊混凝土。先調製一批一般份量的混凝土漿，大約50磅袋裝的三分之一。因為要填入狹窄的角落，同樣讓混凝土的稠度比平常稀一點。灌漿時先倒入一個角，並確認混凝土把四個角都填滿；可以用2×2的木棒來推混凝土。接著直接倒入每一側，將其填滿直到和頂緣貼齊（圖X），完成後靜置48小時或至少24小時。

移除內部面板時，用套筒扳手先把六角螺絲卸下，從較窄的面板開始輕輕搖動使其鬆脫，即可把4塊面板取下（圖Y）。

再來用螺絲起子把外部面板移除。移除泡棉塊時，先在接近方塊角落處鑽一個 $1/2"$ 的孔（圖Z），接著用孔鋸把大部份的泡棉切除，最後把膠帶撕下就形成窗戶了。在其他5個泡棉塊上重複這個步驟，窗箱就完成了（圖AA）。

7. 組裝混凝土燈

每個組件本身其實不重（柱體除外），但組裝後的燈會重到無法搬動，所以先選定放燈的位置再把組件分別搬過去。

不要只是把組件疊起來，一定要把它們黏在一起，以免燈不小心倒了而傷到人。建議用Quikrete的建築膠或同級產品來進行黏合，因為膠的用量很多，所以可以把擠出口切大一點讓擠出量變大。

首先確認底座放置的地面穩固，並以石子修飾地面讓它完全水平。其他組件的水平（和柱體的鉛直）可以用目測。把柱體放上底座時會需要幫手。一切定位後，在柱體底部放碎石來調整水平，完成後讓柱體稍微傾斜，並在底部塗上大量黏膠，再把柱體挪回去，靜置24小時讓它乾燥。

把另一個臺座頂放在柱體上，讓它固化2小時，接著依序黏合燈箱、遮蓬和頂飾（圖BB）。這樣庭園燈就完成了！

點燈

裝上蠟燭（圖CC）或LED就能讓它亮起。在makezine.com/projects/eternal-flame-indestructible-led-lantern可以學做小型防水LED燈籠，或是參考makezine.com/projects/dark-detecting-led製作感光LED。

如果要安裝永久照明，可以在柱體和臺座頂的模具中央黏上一條直徑至少 $1/2"$ 的管子，做為接線用的管路。

動手做更多

日式石燈的樣式五花八門。你可以上網搜尋自己喜歡的風格，然後修改我提供的模具來完成自己的設計。以下是一些設計概念：

» 自己雕模製作蓮花形的頂飾。
» 用廢棄的碟型天線來鑄造傘形的遮蓬；嘗試以垃圾袋或不沾黏烹飪噴霧做為脫模劑。
» 藉由在模具內黏接突起的形狀替柱體增添花樣或符號，可以採用3D列印做出更具想像力的變化。
» 加裝窗框。《MAKE》雜誌的工程實習生麥特・凱利（Matt Kelly）製作了照片中美麗的木製窗框。在專題頁面makezine.com/go/concrete-lantern可以學到如何製作窗框，也歡迎你分享自己的設計。

製作混凝土模具是很有成就感的事，而且不是多數人會做的事。你的混凝土燈會是少數愈舊愈有情調的物品。一起來想想還有哪些東西可以混凝土來做吧！

Hep Svadja, Jim Becker, Matt Kelly

15分鐘速成高蹺

文：卡里布・卡夫特
圖：安德魯・J・尼爾森
譯：屠建明

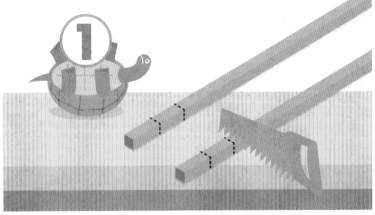

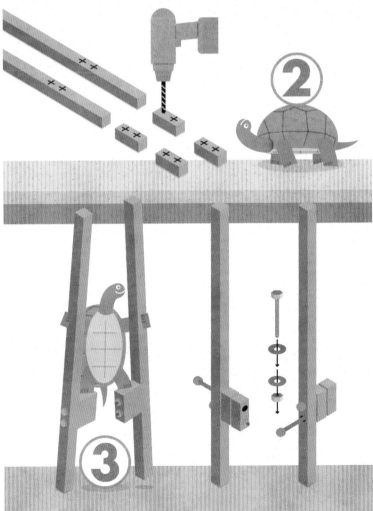

很多人小時候都玩過高蹺，何不重溫一下兒時樂趣呢？ 以下是老少咸宜的木製高蹺的製作方法，不僅容易調整，而且只要15分鐘就能完成。買材料所花的時間還比實際製作時間來得多，完成後你就有更多時間可以花在踩高蹺上。

材料的總成本不超過20美元，而且整個過程只需要切割4次和鑽12個孔。你想怎麼裝飾高蹺都行，還能當做萬聖節的變裝道具。

1. 切割4次

從兩塊木材切下3"長的木塊，總共從高蹺切下6"的木材。

2. 鑽孔

在4個木塊上測量並標記2個螺栓的鑽孔處，兩個孔的間隔以1"為佳。

長木塊決定你的腳要離地面多高。我的高蹺是離地12"，也就是說我鑽的孔要離高蹺底部11"。如果用虎鉗夾住木材，可以同時鑽三個木塊，但不一定要這麼做。

3. 組裝高蹺

把螺栓鎖入孔中，兩邊都要加墊圈，並套上螺帽鎖緊。

完成後就可以用這組超簡易高蹺來走路了，多練習就能熟練。●

卡里布・卡夫特
Caleb Kraft
是《MAKE》雜誌的資深編輯。看到其他人自己動手做東西就會讓他很興奮，並喜歡分享自造者們的努力結晶。

時間：
15分鐘
成本：
10～20美元

材料

» 木材，2×2、長8'（2）。
小知識：一般的2×2木材實際尺寸則約為1½" x 1½"。
» 螺栓，5"～6"長（4）
» 墊圈（8）
» 螺帽（4）
» 鋸子
» 電鑽與鑽頭（比螺栓稍大）
» 麥克筆
» 虎鉗（非必要）

歡迎到makezine.com/go/15-minutestilts分享你的高蹺。

DIY
Pancetta
and Bacon

自製培根和義大利培根

敬豬腹脇肉──在家
輕鬆做世界上最療癒
的兩種肉類

文：尚‧提姆布萊克
譯：呂紹柔

Juliann Brown

時間：**1～3週**
成本：**20～40美元**

培根讓事情變得美好，且培根的製作很簡單，可以在家自製。培根和其兄弟義大利培根是廣大療癒系肉類中最基本的兩名成員，只需要三種食材：肉、鹽巴、時間，再加上一些煙燻，另外還有許多空間可以做變化。

尚‧提姆布萊克
Sean Timberlake
於 2010 年創辦 Punk Domesti，一個為 DIY 食物社群而策劃的網站。他也是 About.com 上的食品保鮮專家，並從 2006 年開始經營部落格 Hedonia。目前與丈夫及他們好動的梗犬里斯居住於舊金山。

A

製作義大利培根

所需材料：

» 豬腹脇肉，3 磅
» 猶太鹽（粗鹽）或海鹽，½ 盎司
» 黑胡椒，1.5 小匙，碾碎
» 杜松子，1.5 茶匙
» 蒜瓣，壓碎（3）
» 月桂葉（3）
» 迷迭香小枝
» 棉布
» 綁肉用麻繩（棉繩）

義大利培根（Pancetta）最容易製作，可以把它當作製作培根的入門款。義大利培根只需要稍加醃製，就能在經典義大利菜中帶出豬肉的風味，如培根蛋麵或辣味培根蕃茄麵。

去找你喜歡的肉攤，跟他買一片上等品質的豬腹脇肉（行家技巧：如果可以買到豬頸肉，就可以做義大利培根醃肉，更好吃）。要買多少就看你自己，我自己通常一袋會買 3 磅左右。

1.重量

要知道那片肉精確的重量，因為要有好的醃製效果，需要肉片百分之三重量的鹽巴。因此，我通常都會用公制來計算，一公斤的豬肉大概需要 30 克的鹽巴。如果是你堅持要用美式量法，那就是每一磅的肉需要 ½ 盎司的鹽巴。

2.切割和灑鹽

切割肉片，讓它有漂亮的形狀（圖Ⓐ）。你可以把豬皮切掉，或是留著也行。把肉平放在鋪了保鮮膜的托盤上，把鹽巴和調味料混勻，均勻塗抹在肉片上。用保鮮膜把肉片裹起來，要確定肉片的每一寸都有抹到鹽巴跟調味料（圖Ⓑ）。

3.醃製

把肉放在托盤上放進冰箱冰五天，每天都要翻面。肉片會釋放液體，這是正常的情況。

Sean Timberlake

4.洗淨和風乾

第五天把保鮮膜打開，把肉片沖洗乾淨，用紙巾拍乾，然後你的義大利培根就可以開始切片烹煮了。

5.風乾（乾醃）

如果想要加強風味，可以把義大利培根掛起來，這樣的醃製培根可以不用煮就直接吃。

將義大利培根用薄紗棉布裹上三層，用綁肉繩把義大利培根捆起，每段的空格為1"長（圖C）。把義大利培根掛在陰涼的暗處三周以上，最佳的醃製溫度為55°F（約13°C），70到75%的濕度，不過只要把培根掛在地下室或市內任何陰涼的地方，效果就會不錯。

記得一開始要秤重嗎？義大利培根在醃製的過程中也要持續秤重。為了要讓肉變成可以不用煮就能吃的醃製肉品，必須要讓肉的重量減少至少30%（這也是另一個為何我用公制秤重的原因）。完成後，肉應該要相當的均勻紮實，不是集中在中間。

6.拆封

拆封的時候，可能會看到發霉，帶有白色微毛的黴其實是好的，對人無害，可以用醋洗淨。如果是綠色的黴菌或是紅色、黑色，那就有危險了，得丟掉這塊義大利培根（不太可能發生這種事情，除非你把培根置於過度潮濕的環境）。

7.品嚐

做好的醃製義大利培根可以用紙包起來冷藏一個月，放冷凍庫的話可以放到三個月。

• • •

製作培根

所需材料：

» 豬腹脅肉，3～4磅
» 猶太鹽或海鹽，1磅
» 亞硝酸鹽，8茶匙
» 砂糖，8盎司

美國最受歡迎的豬肉製品和義大利培根有幾個主要不同的地方，首先通常會有用亞硝酸鹽，除了壓制肉毒桿菌孢子外，培根的粉紅色及其微微刺鼻的味道就是因為有亞硝酸鹽，此外通常口味偏甜較不鹹，然後培根是煙燻的。

亞硝酸鹽和亞硝或是Instacure #1—

小祕訣： 如果你擔心食用亞硝酸鹽，可以不要用，做出來的培根還是會很好吃，不過就會少了美式培根經典的那個味道。如果是我的話，我吃培根就會有所克制淺嚐即止。

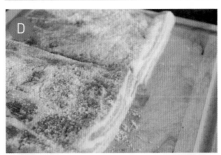

樣是固體，又稱做「粉紅色鹽巴」（不要和玫瑰鹽搞混了，也不是其他類似的自然生成鹽類）。

1.切割和灑鹽

用鹽巴、亞硝酸鹽、糖調配醃製調味料，可以用在一片以上的肉片，把調味料用罐子封裝起來放在乾燥陰涼的地方，沒有保存期限。同義大利培根一樣，把豬肉切的平整，放1/4匙醃製調味料在托盤上，把豬肉的每一面都沾上調味料（圖D）。

把肉放進一個大的密封袋裡，並把托盤內剩餘的調味料都倒進去，你也可以另外添加些風味，例如放1/4匙的楓糖和一到兩杯波本威士忌。把空氣都擠出來後密封起來（圖E）。

2.醃製

把袋子放進容器中，然後把容器放進冰箱，每天都要調整袋子，確定調味料有滲透進培根裡。第五天戳一下肉，如果肉還有點容易變形，就再多放幾天，如果最厚實的地方已經很紮實，就可以拿來煙燻了。

3.洗淨和風乾

把肉片沖洗乾淨，用紙巾拍乾，托盤上鋪紙巾，然後放架子，再把肉放在架上，用電風扇低速吹肉幾個小時（圖F）。或者你也可以把整個托盤連架子一同放進冰箱一到三天。

這麼做的目的是要造膜，在肉的表面形成一層蛋白質，可以和煙結合在一起，製造出美味的培根。

4.煙燻

把煙燻機用200°F（約93°C）預熱，肉摸起來有一點沾手的時候，便能放進煙燻機的架子上，下面有的盤子可以接滴下來的油。當培根的溫度來到150°F（約65°C）（圖G）便完成了，把肉取出後靜置降溫。如果有皮，就等到皮降溫到可以觸摸的溫度，再用利刀小心把皮去掉。

5.享受

跟義大利培根一樣，放冰箱的話培根可以放一週，如果放冷凍庫可以放上三個月。但是其實大家食用的速度會比存放的時間快上許多。

在www.makezine.com.tw/make 2599131456/228上瀏覽更多照片並分享你的製作技巧與訣竅。

時間：
一個周末
成本：
350~400美元

超大螢幕 LED 顯示牆

文：丹·羅伊爾　譯：張婉秦

DIY Jumbotron LED Wall

誰不想要一個巨大的LED螢幕呢？

丹·羅伊爾
Dan Royer
的邪惡力
量隱藏在
Marginally
Clever 的機器
人中。他仍持
續嘗試把機器人送上月球。

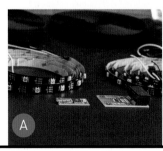

這是一個自製的超大電視牆！完成之後，你可以讓燈光顯示成任何你想要的樣子，就跟編輯影片一樣簡單——不需要編寫程式！把LED螢幕掛在牆上，或是在下次戶外派對的時候拿出來使用，讓大家耳目一新。

我已經寫好一個開放原始碼程式，可以從任何地方上傳任何影片到新的LED牆。你需要做的只有把它們組合起來。PJRC的Teensy微控制器搭配OctoWS2811擴充板的組合，讓在Arduino編程環境下控制大量LED變得十分簡單。

這個專題完成時估計會超過2m（6'）寬，所以最好找朋友一起做。

1. 完整閱讀操作步驟

知識就是力量！

2. 集合所有的零件

如果能讓你的生活更簡單，我很樂意出售一整箱LED與電子零件給你（圖Ⓐ）。

3. 連接TEENSY與OCTO擴充板

將排針焊接到你的Teensy上，再連接至OctoWS2811轉接器（圖Ⓑ）。Teensy會從PC端接收視訊，然後轉化成LED的語言。

4. 焊接電源端子跟LED

將T型連接器的公接頭焊接上所有LED燈條，而母接頭只要焊接在其中18條上。燈條上的箭頭指向母接頭的尾端；電源則是接到公接頭的尾端（圖Ⓓ），從母接頭輸出。燈條會將電源路徑變成Z字型，如此一來，電源就可一次通過2條燈條（數據則是一次通過12條）。所以務必要保持電線顏色的一致性！中途切換會打壞魔鬼剋星的規則（別讓電線交叉）。

5. 準備數據傳輸線

將 CAT5 電纜的一端剝除約 12" 長，露出裡面的 4 對線（圖**E**）。

JST SM 的母接頭有三條線：白色、綠色以及紅色。現在還不會用到紅色，先焊接綠色跟 CAT5 橘色電線，然後焊接白色跟 CAT5 的橘／白電線。現在 CAT5 電纜的一端有 RJ45，另一端則有 SM 連接器。

將 SM 連接器的母接頭焊接至另外 2 對線：藍色跟藍／白線，以及綠色跟綠／白線（圖**F**）。現在不會用到棕色跟棕／白線組。再次確認是否連接正確——並標記兩邊，這樣稍後比較好辨別。

6. 準備電源傳輸線

一條 CAT5 電纜的電力可以供應給 8 條 LED 燈條，因此，你會需要完整用上 4 條電纜，以及第 5 條電纜的某些部分。它們的準備工作都相同。拿一條 9' 長的 CAT5 電纜，露出兩端的電線。將一條純色的 CAT5 電線連接上 LED 燈條的紅色電源傳輸線；CAT5 的白色電線則接上 LED 燈條的白色電源傳輸線。

在這邊也要焊接上 T 型轉接器的母接頭，接著就可以拔開電線。

7. 縫上魔鬼氈 （非必要）

我們在布料背面縫上魔鬼氈（圖**G**），如此一來就可以輕易地拆卸並收起 LED 牆。你也可以用魔鬼氈將 LED 固定於牆面或獨立懸掛架上。

8. 固定LED燈條

將布料平鋪在地板上，將第一條燈條放置在牆面的「上方」，公接頭在左邊（箭頭指向右邊），並用燈條的膠條固定住（額外的固定膠不會造成傷害）。第 2 條燈條安置在第 1 條的下方，箭頭指向左邊。重複這樣的動作，將 36 條 LED 燈條全數安裝完畢（圖**H**）。我們用封口膠帶標記量測記號，確保燈條平均分布其上。

9. 連接電源線

跟著電源接線圖（下頁圖**I**）將電源連接至奇位數的燈條。左側同樣將奇位數的燈條（1、3、5，以此類推）連接上電源傳輸線。右側部分，將燈條 1 接上燈條 2，3 接到 4，以此類推，直到全部完成。

接著將每條電源傳輸線連接上電源供應器——純色接 VCC，白色電線接 GND。

10. 連結數據線

以 12 條為一個區塊連結數據傳輸線（圖**J**）。數據傳輸線 1（橘色跟橘／白色）接上第一

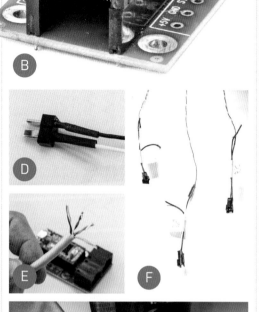

條 LED 燈條 SM 連接器的公接頭，然後以 Z 字型的方式連接上接下來的 11 條，完成一共 12 條的接線。數據傳輸線 2（藍色跟藍／白色）則連接上第 13 條燈條 SM 連接器的公接頭，再向下以 Z 字型連接到第 24 條。數據傳輸線 3（綠色跟綠／白色）連接上第 25 條燈條 SM 連接器的公接頭，再 Z 字型連接到第 36 條。

現在，將數據傳輸線的 CAT5 連接器插上 Octo 擴充板的 1 號埠。

11. 接上電源

剪除三條 PC 電源線的尾端，剝除外皮露出電線，然後連接上電源供應器（圖**K**）。記

材料

可於 marginallyclever.com **購買套件，內含所有開發板、LED，以及電源供應器，或是分別採買下列材料：**

» **Teensy 3.1 微開發板**，從 pjrc. com/store/teensy31.html 購買

» **OctoWS2811 轉接板**，pjrc.com/store/octo28_ adaptor.html，又稱為「Octo 擴充板」

» **RGB LED 燈條**，型號 WS2812B，每條 64 顆 LED，每公尺 30 顆，黑色背膠。兩端備有 3 針腳的 JST SM 連接器用以傳輸資料，以及電源紅／白線。至少多準備一條，以防萬一。

» **電源**，5V 50A（3）

» **黑色乙烯布**，至少 56"×90½"。我們四周都留了 11" 寬。

» **PC 電源傳輸線**（3）

» **T 型電源連接器**，2 個接頭：公頭（36）以及母頭（36）

» **CAT5 電纜**，約 45' 長，裁成約 9' 長的段

» **CAT5 電纜至少有一個 RJ45 連接器**，約 9' 長

» **JST SM 連接器**，3 頭接（3），如果你的 LED 燈條沒有附加，可能就要 39 個

» **熱縮套管**，紅色跟黑色，每個約 5' 長

» **魔鬼氈**，總長約 33'（非必要），又稱為黏扣帶

工具

» **安裝有下列軟體的電腦：**

 » **Arduino IDE 版本 1.6.3**。從 arduino.cc/downloads 免費下載。版本 1.0.6、1.6.1 跟 1.6.5 也可以；目前 1.6.6 版本尚未支援 Teensyduino 外掛程式。

 » **支援 Arduino 的 Teensyduino 外掛程式**，從 pjrc.com/teensy/td_ download.html 免費下載

 » **Processing** 網站 processing.org 免費提供；將影片從電腦上傳即可

» **連接器用螺絲起子**

» **烙鐵**

» **剪線鉗**

» **T 型連接器用壓緊鉗**

» **縫紉機（非必要）**

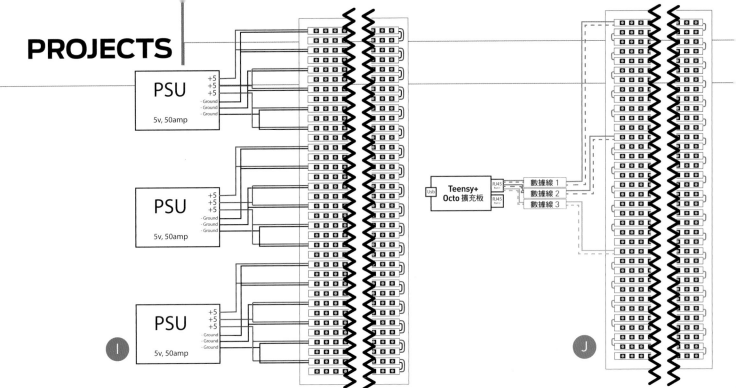

PSU +5 +5 +5 -Ground -Ground -Ground 5v, 50amp

PSU +5 +5 +5 -Ground -Ground -Ground 5v, 50amp

PSU +5 +5 +5 -Ground -Ground -Ground 5v, 50amp

Teensy+ Octo 擴充板 Usb RJ45 Port 1 RJ45 Port 2 數據線 1 數據線 2 數據線 3

住黑色要連上（ **L** ） Live，白色連上（ **N** ） Neutral，綠色連上Earth（ ground ）。

我們發現最簡單的方式是使用功率分配器，這樣一個開關可以控制整個牆面。

12. 編寫TEENSY程式

從Github（ github.com/i-make-robots/ ledwall/tree/64x36-wall ）下載Teensy所需要的Arduino腳本程式碼，然後用Arduino IDE上傳到開發板。重新啟動Teensy後，開啟LED牆的電源，螢幕上應該會顯示出測試畫面（圖 **L** ）。如果沒有，檢查電源以及Octo擴充板的連接有無問題。

13. 測試超大螢幕！

同樣從Github取得Processing腳本程式，然後在電腦上運作。電腦螢幕上的一部分應該要顯示在LED牆上。將你的影像檔案移動到螢幕上那個部分，然後點擊播放（圖 **M** ）。調高喇叭的音量，準備好爆米花、關掉燈光，然後好好享受吧。

14. 展示你的成品

把你的最後成品發表到推特並標記@ marginallyc以及@make！

使用自製的超大螢幕

» **色彩品質** 你也許會看到第12條燈條有些許褪色，這是因為資料跟電源傳輸線太長。試著將數據線的數量加倍，或是增加電源供應量。

» **視訊同步** 每條RGB LED燈條都會接收到PC上Processing腳本程式傳送給Teensy的3-byte RGB像素（ 24 bits ），從左上方傳到右下方。不過，這些訊息偶爾會無法送達。長時間下來，會讓影像變得很奇怪。

為修正這個問題，在PC將色號000設定為

色框標記，告訴Teensy「我已經完成這個色框的傳送，把它顯示出來，然後我們可以開始下一個」。為確保色號000不會在錯的時間出現，Processing會調整每個像素，這樣色彩通道的每個0都會變成1。

» **音訊同步** 如果你的電腦速度較慢，那麼電影在LED牆上的影像就會比聲音慢。利用VLC影音播放器（ videolan.org/vlc ），你可以輕易地調整聲音延遲。Processing腳本程式碼會是一個瓶頸——你也可以嘗試用一臺速度較快的電腦，或是優化OctoWS2811的程式碼（你可以在pjrc.com/teensy/td_libs_OctoWS2811. html（學到更多），讓影像跑快一點。

» **打破框架** LED不一定是一格一格——它們可以包圍一件藝術品、一臺車，甚至懸吊橫掛於天花板。

» **使用擴散器** 觀賞超大螢幕最好的方式就是隔著一段距離。擴散器可以稍稍模糊像素，這樣大腦可以較輕鬆地識別圖案。你也可以試著在LED螢幕前懸掛床單（圖 **N** ）。

» **大型自拍**

使用筆電的照相機做為Processing腳本程式中的視訊來源。

» **更進一步**

用你自己的設計代替原有的Processing腳本程式。打造一款經典的電動遊戲，也許加上一個搖桿？

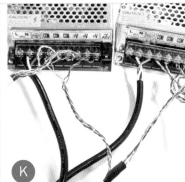

在makezine.com/go/diy-jumbotron-led-wall展示你的LED牆並觀賞更多照片。

Dan Royer, Hep Svadja

circuit cellar 嵌入式科技 國際中文版

《Circuit Cellar 嵌入式科技 國際中文版》是一本專門以嵌入式及微控制器 (MCU) 相關技術領域專業人士、學者及電子專家為鎖定對象，同時內容涵蓋嵌入式軟硬體、電子工程及電腦應用等各種主題的專業級雙月刊雜誌。

藉由本雜誌的長久浸淫，您將成為全方位跨領域的從業人員，進而能充滿自信地將創新與尖端前瞻的工程構想，完美運用在各種相關任務、問題及技術上。

《Circuit Cellar 嵌入式科技 國際中文版》是當前唯一一本會以實作專案的報導方式，深入剖析如何運用各種嵌入式開發、資料擷取、類比、通訊、網路連接、程式設計、測量與感測器、可程式邏輯等技術，並整合搭配物聯網、節能減碳、資訊安全等趨勢議題的技能與竅訣。

嵌入式玩家、創客與專家，可以從中了解各種新興嵌入式技術靈活搭配與整合的技巧，長此以往必能培養出開發各種實用智慧應用的驚人能耐與超強實力。

多特報

每期一次給足多達 3～4 個特別報導，讓你一次掌握各種最新、最熱的話題趨勢與技巧，進而自我培育出擅長各種技術與趨勢領域的實戰經驗與整合能力。

多專欄

更多元化的不同專欄，從必備知識的汲取到各種疑難雜症的排除，從節能減碳的參與到嵌入式系統的規劃，再從嵌入式創客世界進展到可程式邏輯實作，都可以從中一一體會與感受。

單本售價 280 元　**一年 6 期**　*超值優惠價* **1260** 元

限 2016.9.30 前

金石堂、博客來、誠品及其他書店均有販售

納森・賽道
Nathan Seidie
2003年他還是電機工程系學生時，就在科羅拉多州波德（Boulder）創立 SparkFun Electronics，現為 SparkFun 執行長。

時間：
幾個週末

成本：
250～350美元

材料

» Particle 的 Photon Wi-Fi 開發板 store.particle.jo
» Arduino Uno 開發板 makershed.com
» 荷重元擴大器開發板套件 sparkfun.com
» 計重秤，承重 200kg
» 天線，2.4GHz U.FL，可黏著
» LiPo 電池，6Ahr
» 大型太陽能電池
» 濕度和溫度感測器 HTU21D
» 鐵氟龍膠布（PTFE）
» 麵包板
» 最大功率點（MPP）太陽能充電器
» 戶外專用機殼

High-Tech Honey
高科技蜂蜜 線上追蹤蜂房的重量、濕度、溫度和電壓
文：納森・賽道　譯：謝明珊

　　去年夏天，我去了奧勒岡州波特蘭，朋友提到他一直想把荷重元置於蜂房底下，以測量蜂房長期的重量。經過九個月的測試和研發，以下是我們取得即時蜜蜂資料的歷程。

請踏上計重秤

　　正常的蜂房可能高達400磅（180公斤），需要能夠承受蜂房最大重量的計重秤，此外計重秤還要夠堅固，才能夠在田園存活下來。

　　目前市面上有各種承重200公斤的體重計和計重秤，大多數使用四個應變計 Ⓐ（每個角落各一），安裝於惠司同（Weatstone）電橋 Ⓑ，最後形成所謂的荷重元。

　　有了四個應變計，即使是低廉的電壓測量計，也能夠測出每分鐘的電阻變化，接著把電壓變化轉為數位讀數，以便 Arduino 擴充板讀取，由於消費性計重秤經常採用 HX711 晶片，SparkFun 特別針對這款晶片 Ⓓ 推出了開發板

套件 C。

改裝計重秤以應付「特殊情況」。當你放一打瓶碳酸飲料在計重秤上，只要不拿下來，就會一直維持那個數字，這對於低階體重計或計重秤來說無傷大雅，反正大家只會站在體重計幾秒鐘，但蜂房計重秤可要連續使用數個月。

我發現校準工作很花時間，你必須連續數天在相同的時間測量，才能達到所要求的準確程度。

將資料上傳至網路（物聯網）

隨著計重秤大致在控制之下，我開始從田園蒐集資料，傳輸到容易存取的儲存網站，目前有幾個線上資料儲存服務，但我採用自己公司的開源軟體 Phant。

我 手 邊 剛 好 有 Particle Core E，於 是 藉 此 把 Arduino 的 資料上傳至網路。我後來發現，Particle Photon 或 SparkFun Thing 也很好用，我透過幾個基本的函式呼叫，將線上資料從 Core 移至 Phant。

有了 12C 的 HTU21D 感測板，就能夠輕鬆以低廉的成本為蜂房測量濕度和溫度 F。我以鐵氟龍膠布覆蓋感測板，以免感測器（理論上是這樣，但實際上不太管用）沾到花粉、蜜蜂的腳等。

這個系統會由太陽能及電池驅動，所以我加上電阻分壓器，以便測量類比數位轉換電池的電壓。A2.5W 太陽能電池 G 借助最大功率點（MPP）太陽能充電器 I，即可為 6 Ahr LiPo 電池充電 H。LiPo 電壓大致介於 3.6V～4.2V，這個系統可將其降為 3.3V。

根據我的設定，Core 發送觸發訊號給 Arduino J，Arduino 會讀取重量、時間戳記和溫度等資料，將各個項目以逗號隔開，接著傳回 Core 完成上傳。外部 2.4 GHz 天線 K 透過 U.FL 連接 Core，以便擴大傳輸範圍。

資料分析

analog.io 幫助我們更容易連接資料流和繪製各種位元。這是六天以來的蜂房重量（圖 1），可見蜜蜂每天早上 6:20 離家，幾分鐘之內蜂房頓時失去數磅的重量，一整天下來，蜜蜂才會陸續返家。

第二張圖（圖 2）是數天以來的重量、氣溫和濕度，我沒想到蜜蜂早上離開的時間，正好就是濕度下降、溫度上升的時候。

科羅拉多州夏天的溫度，夜晚大約是 10°C，白天是 32°C，但是第二張圖顯示，蜂房內部溫度大約在 32°C 左右。真是驚人！就算大自然大肆作亂，蜜蜂仍可保持蜂房溫度穩定。

整體來說，這個專題相當成功。我強烈建議找一位能夠保護你在蜂房安全的朋友，觀察蜜蜂行為還滿有趣的。

更多連網蜂房的資料，參見 makezine.com/go/connected-hiv

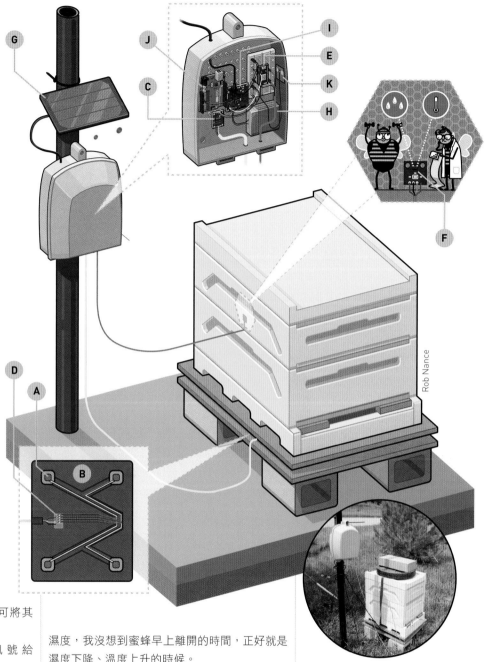

Rob Nance

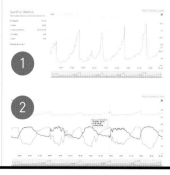

戶外機殼、電子裝置和太陽能電池，安裝在蜂房附近的柱子上，有一條電線連接下方的計重秤，另一條穿入蜂房，連接濕度和溫度的感測器。

Nathan Seidle and Lara Boudreaux

A Flood of **Thoughts**

文：狄倫・若許　譯：孟令函

意識之流

將人體模型改造成可以隨機列印Reddit po文的機器。

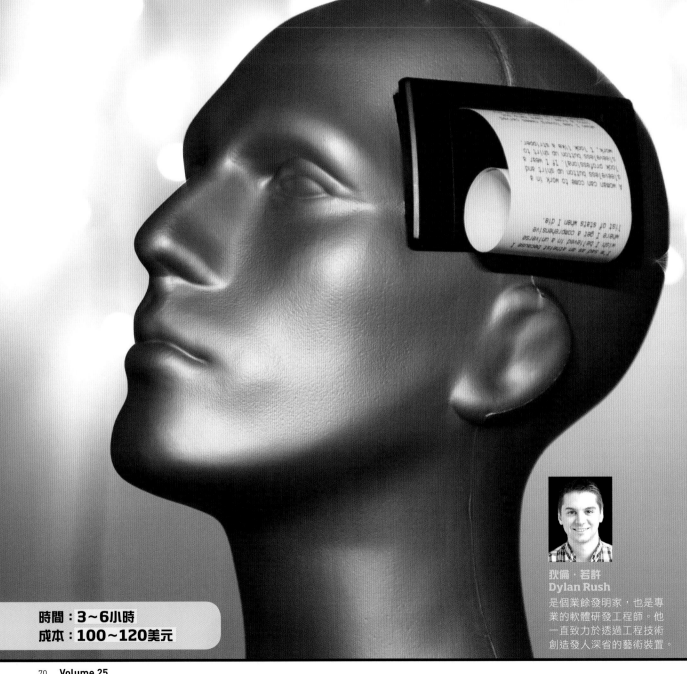

狄倫・若許
Dylan Rush

是個業餘發明家，也是專業的軟體研發工程師。他一直致力於透過工程技術創造發人深省的藝術裝置。

時間：**3～6小時**
成本：**100～120美元**

Hep Svadja

唯一一件「做比說的更容易」的事情就是——什麼事也不做。

交通路況就像一場大遊行，不過沒人享受其中就是了。

推銷員基本上就是現實人生中的電子垃圾信。

只要按個按鈕，這個人頭模型就會使用內建的熱感式印表機印出各種有趣的小句子。這些字句都是隨機從Reddit大受歡迎的Shower Thoughts頁面上擷取下來的（reddit.com/r/showerthoughts），在Shower Thoughts網頁上，充滿了這種靈光一現、富含哲思的字句或問題，這些思想的片段，都是這些po主在不被打擾的時間中（例如洗澡時）想出來的。Arduino負責抓取出有意義的資訊，並透過Wi-Fi來下載，這樣就創造出了一項聰明機智令人驚喜的藝術品。

1. 為頭部人體模型動手術

在人頭模型背後接近底部的地方鑽兩個孔，一個孔用來安裝按鈕，一個用來放置電源母座。測量、標記，然後切一個長方形切口，記得要符合熱感式印表機的大小。將電線引導到底部，連接上印表機，然後把印表機放進你剛剛裁切出的長方形空間。

2. 組裝電子零組件

依照圖 B 安裝你的麵包板。整體的電源會來自一個9V的插座，位於人頭模型的背後，然後一路延伸到麵包板左邊的電源軌。這個自造計劃要成功，使用9V 2A的電源供應器是必要的條件。

小小的、紅色的邏輯電平轉換器橋接了麵包板的兩邊，左邊是5V（由Arduino提供），右邊則是3.3V的ESP8266 Wi-Fi板。注意擺放邏輯電平轉換器的方向，確保5V的高壓連結在左邊、3.3 V的低壓連結則在右邊。如圖所示，將一個1K的電阻放置在麵包板上，從邏輯電平轉換器的低壓那一側到一排空的連接點，我們等一下會用這排空的連接點連接ESP8266。

3. 連接ESP8266

ESP8266是一款物美價廉的Wi-Fi板，不過它的I/O腳位沒有標示出來，請參照圖 A 辨認ESP8266的腳位。

ESP8266在這次的專題裡只要跑它預設的韌體就可以了，不用另外編寫程式，不過仍需要配線。

使用麵包板，依照以下指示，將ESP8266的接腳接上邏輯電平轉換器：

» RX 接 LV1 （灰色線）
» TX 接 LV2 （棕色線）
» VCC 接 LV （紫色線）
» GND 接 GND （黑色線）
» CH_PD 接 電阻（一端已接上LV）的另外一個接腳（藍色線）

4. 連接Arduino

為使 ESP8266 和 Arduino Mega 開發板之間訊息互通，將邏輯電平轉換器的HV1接腳連接到Arduino的TX1接腳，HV2接到RX1。

按下瞬時按鈕，Shower Thoughts 上的新點子就會列印出來。將瞬時按鈕的其中一個接腳接上Arduino的D7，而瞬時按鈕的另一個接腳就接上麵包板的任一個接地腳位。當你完成以上步驟，記得Arduino也要接地，將它的任一個GND接腳接到麵包板上的接地軌。

連接熱感式印表機，先將印表機的黃色線接到Arduino的D6上，綠色線則是接到D5。要供應電源給印表機，則是要將紅色線與黑色線接到各自相對應的插槽，就位在麵包板左邊（9V）的電源軌上。

5. 編寫Arduino程式

請先上 makezine.com/go/showerthoughts 專題頁面下載Arduino的程式碼。用Arduino IDE軟體在你的電腦上打開程式碼，並使用你自己的Wi-Fi SSID以及密碼更新程式碼。

下一步，進入Sketch→ Include Library →Manage Libraries，找到並安裝Adafruit Thermal Printer Library。用USB連接線連接你的Arduino跟電腦，並將程式碼上傳到你的板子上。

做到這裏，只要將9V 2A的電源供應器插上電源母座，你的作品應該就可以運作了。如果一切都運作的非常流暢、一按按鈕印表機就會列印訊息出來，你就可以進行最後的步驟了。把所有電子零組件都放進人頭模型裡，就完成囉。

更進一步

只要改變程式碼，你就可以接收網路上任何不同來源的訊息，接收你的家庭網域訊息也沒問題。列印氣象報導、推特，甚至是最新的新聞都可以，你也可以為你的人頭模型升級，幫它裝上文字轉語音的裝置，再幫它戴上一頂巫師帽，你平凡的人頭模型就會搖身一變成為訴說睿智話語的巫師。●

下載程式碼、閱讀更仔細的分解步驟，請上 makezine.com/go/shower-thoughts。

James Burke

材料

» Arduino Mega 開發板
» 邏輯電平轉換器：SparkFun #BOB-12009，可上 sparkfun.com 購買。
» Wi-Fi 模組 ESP8266： Maker Shed #MKSEEED52，可上 makershed.com 購買。
» 熱感式印表機：Adafruit #597，可上 adafruit.com 購買。
» 電源供應器：9V、2A、中心正極。
» 麵包板、跳線
» 人體模型：頭部
» 電源母座：5.5mm/2.1mm、中心正極。
» 瞬時按鈕：圓形。
» 電阻：1k Ω。
» 原型擴充板（非必要）

工具

» Arduino 使用的 USB 連接線
» Dremel 電動刻模機

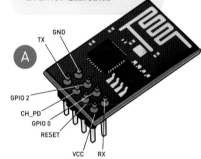

A

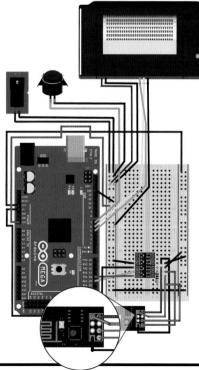

文：威廉·葛斯泰勒 ■插圖：彼得·史崔恩 ■譯：謝明珊

Giovanni Venturi
文丘里與文氏效應

威廉·葛斯泰勒
William Gurstelle
是《MAKE》雜誌的特約編輯。他的新書《Defending Your Castle: Build Catapults, Crossbows, Moats and More》現正發售中。

時間：1～2小時
成本：15～25美元

材料

» 塑膠或玻璃瓶或燒瓶，能夠承受真空狀態，附密封蓋或瓶塞
» 有彈性的塑膠管，口徑 ¼"，長度 18"
» 軟管接頭，雙頭，口徑 ¼"，塑膠或黃銅皆宜
» 螺紋油
» 文丘里真空產生器，也就是文丘里真空幫浦，你不妨參考圖 A 打造一臺鋁製品，但大量生產成本比較低，我花 19 美元就從 Harbor Freight Tools 買到了，空氣管和接頭一應俱全。

工具

» 空氣壓縮機和空氣管，附 ¼" 工業級接頭
» 活動扳手
» 螺絲起子
» 護目鏡

重新認識文氏效應——化油器、噴漆、潛水呼吸調節器和瓦斯烤爐的原理

18世紀義大利博學者文丘里（Giovanni Battista Venturi）上知天文下知地理，既是天主教神職人員、大學數學講師、首席土木工程師，還是政治人物（深受拿破崙器重）和世界級歷史學家。達文西的科學貢獻為人所知，也是文丘里的功勞。

不過，他最偉大的貢獻想必是對流體力學的研究，他所發現的文氏效應（Venturi effect），造就出不少現代機器，舉凡噴漆、施肥機、瓦斯烤爐和潛水呼吸調節器。

1797年文丘里出版的書籍中，提到流體流動時會「在其他流體留下移動痕跡，亦即流體流動的橫向溝通」。文丘里發現從小管子發射的空氣或水，只要管子的幾何排列對的話，就會從第二根管子冒出來。

文丘里並不清楚背後的原理，但這個現象卻

以他命名。現在這個現象並不難懂,用流體力學定律伯努利方程式(Bernoulli equation)就能解釋清楚,就算不用數學也能提出廣義解釋,亦即流體受壓通過漸縮管,這很容易明白,既然從管子進出的流體分子數量維持不變,流體必定會加速通過。

文丘里認為流體加速的同時,流體也在減壓。若在管子各處測量壓力,你會發現速度最快和管子最細的地方,剛好也是壓力最低的地方(圖 A)。

這個小知識對科學和科技的貢獻良多,光憑文丘里所謂「流體流動的橫向溝通」,文氏管(Venturi tube)不費吹灰之力,就能移動、拖拉或混合流體。

文氏效應的用途廣泛,最有名的莫過於自動化油器。化油器的空氣沿著文氏管流動,小孔吸入一定比例的汽油。燃料和空氣的混合物進入引擎汽缸,火星塞隨即驅動引擎,讓汽車發動。

自製文丘里版本的真空幫浦

文丘里所發現的科學作用,可用來製作實用的真空幫浦。真空幫浦五花八門(參見我於《MAKE》英文版Vol.31中撰寫的文章 makezine.com/projects/make-31/the-magdeburg-hemispheres),但文丘里版本的真空幫浦絕對是最簡單的。

在本專欄中的這款真空幫浦花費不到25美元,真空幫浦本身也是很棒的工具,可以進行各種有趣的實驗。

1. 拆解幫浦塑膠殼的真空模組。先以活動扳手拆掉排氣插頭,再拆開黃銅接管和T型接頭(圖 B)。

2. 以螺絲起子拆開塑膠殼,再把塑膠殼丟棄。

3. 重新組合T型接頭、排氣插頭和真空模組,在螺紋塗上螺紋油,接著反旋防漏(圖 C)。

4. 小心地以¼"塑膠軟管套住黃銅接管上的小螺旋接頭,並用現成的蓋子套好大接頭(圖 D)。

5. 將接頭插入軟管的另一端(圖 E)。

6. 為了讓幫浦成功運轉,讓空氣管連接幫浦的氣口(圖 F)。將空氣壓縮機的排氣壓力設定為70～90psi,排氣壓力愈高,真空狀態愈明顯。若排氣壓力為90psi,大約是24"的水銀真空,相當於11.79psi或0.8大氣壓力,十分驚人。

真空幫浦好好玩

你要怎麼利用真空幫浦呢?最簡單的實驗,就是在塑膠可樂瓶鑽洞,趁幫浦運轉的時候插入接頭,看著瓶子先膨脹再復原,有一股難以言喻的成就感。

還有另一種簡單的實驗,把一些棉花糖和一團刮鬍膏放進細頸瓶或罐子,創造出真空環境後,觀察在缺乏大氣壓力之下,瓶內物質會有什麼反應(圖 G)。

最經典的實驗是把蜂鳴器置於容器中,在真空狀態下,蜂音器會安靜無聲或趨近無聲,畢竟真空無法傳遞聲波。

真空幫浦其實還有很多功能,不僅是冷氣機的重要零件,亦可裝飾木工和真空低溫烹調,文丘里的發明有不少用途等著你發現。

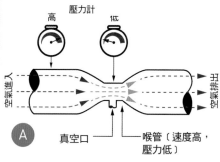

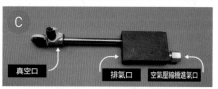

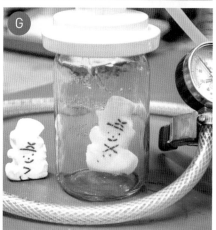

你會如何使用文丘里真空幫浦呢?在 makezine.com/go/venture-effect上與我們分享吧。

2×4 Project
Enclosure

2×4木製專題盒

用廢木打造獨一無二的專題盒

文：班・萊特　譯：呂紹柔

時間：
1～2小時

成本：
0～20美元

班・萊特
Ben Light

一位居住在紐約的自造者、設計師以及黃金計程車（Cash Cab）參賽者。他的作品曾在藝術與設計博物館（Museum of Arts and Design）、MoMA設計專賣店以及Crate & Barrel的架上陳列。

材料

» 2×4 木材，長度 5"～10"，不要有節瘤、洞孔或其他瑕疵。請不要使用加壓處理過的木材。
» 牆用螺絲，1"（4）
» 桐油
» 傢俱固蠟
» 抹布
» 完整的電子專題

工具

» 鑽床
» 手搖鑽
» 帶鋸機
» 電鋸
» Forstner 鑽頭 1" 和 1.5"
» 埋頭孔鑽頭
» 螺絲起子
» 鉛筆
» 砂紙，號數：180、220、400
» 護目鏡
» 木鑿（非必要）
» 斜切鋸（非必要）
» 電動拋光機（非必要）

　　許多工作室裡的工作檯上都會有許多電子零件和廢木材，何不把它們結合起來呢？以下我將說明如何用常見又不貴的2×4木材，打造出便宜又獨特的專題盒。而且看起來非常酷唷！

1. 設計草稿

　　選一個已經完成的電子專題和一塊2×4木材，接著簡單畫出開發板和內部尺寸的構造。記得要保留足夠的空間容納你的專題，並要檢查你的零件厚度是否可以放在有限的2×4空間裡。記得在要安裝螺絲釘的地方做記號。

2. 裁切成適當的長度

　　用手搖鑽或是電鋸把2×4木材裁切至適當的長度，看起來有些粗糙沒關係，有些地方不修邊幅能讓作品更有特色。我用的是斜切鋸，裁切長度約4.5"。

Ben Light

3. 鑽出孔洞與螺絲埋頭孔

用手搖鑽或是埋頭孔鑽頭在木材的四個角落鑽螺絲釘洞，請不要把2×4木材鑽透。

4. 鎖上螺絲

將四個1"牆用螺絲鑽進去，第一次鑽的時候應該會卡卡的，鑽完後再把螺絲退出來。

5. 裁切背面

使用裝有防護套的帶鋸機將2×4木材背面（有螺絲孔的那面）裁去約 $3/8$"，如果切得不直也沒關係。

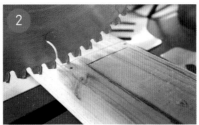

6. 在木材的中間挖洞

在木材畫有草圖的那面內側標示內部構造，設定鑽床的深度避免把整塊木頭鑽透，然後用Forstner 1"鑽頭從你要挖洞的四個角落開始鑽，木材保留約 $1/4$"厚。

用鑽床的虎鉗固定木材，把其餘的木頭用1.5"的鑽頭挖空，木材深度同樣留約 $1/4$"。如果你需要多一點空間，可以用木鑿修整一下四個角落。

7. 替零件挖洞

幫你的專題決定開關、旋鈕或其他零件要放在哪個位置，並在專題盒正面鑽出適當大小的孔洞。

8. 打磨與完工

用砂紙或電動拋光機打磨外觀使其光滑，我用的是號數400的砂紙。

可以選擇替專題盒上漆、染色，或者是上桐油和傢俱固蠟，凸顯其「木材」的質感。請按照製造商的操作指示。

塗料都乾了之後，再把所有的零件和電路都裝上去。

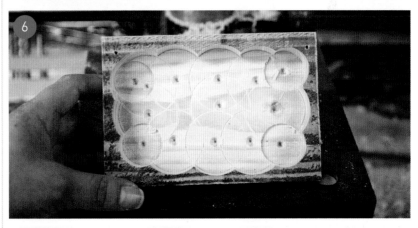

更進一步

如此便宜又簡單的專題盒，沒有理由不拿來做設計實驗。把木材的背面裁去前，試著把木材雕刻成特殊的形狀；用油漆筆或燒烙印工具在你的開關或旋鈕上寫字。如果你對結果不滿意，重新做一個也不會花費太多時間。 ⊘

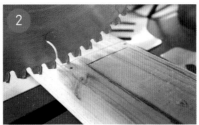

Sandra Rodriguez

製作木製專題盒的影片，請見makezine.com/go/2x4enclosure。

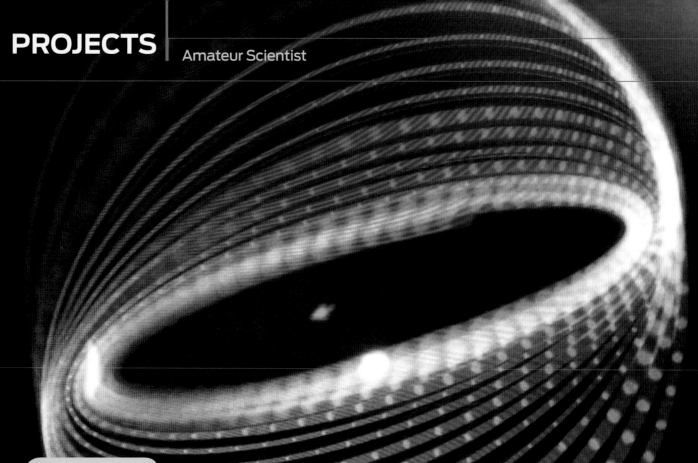

時間：
30~60分鐘
成本：
30~35美元

材料
» 便宜的雷射筆，或雷射二極體模組，如 Digi-Key 網站商品編號 #VLM-650-03-LPA-ND，digikey.com。如果你用的是二極體，要加上一個簡易單極單擲開關。
» 運算放大器 IC 晶片，TLC271 類型，概念圖內建 IC1。
» 紅色的超亮 LED
» 光電二極體，BPW34 類型，Jameco 網站商品編號 #1621132 或相似的電子元件，或是用微型太陽電池替代；PD。
» 3MΩ 至 5MΩ 的電阻，電阻值愈高愈靈敏；R1。
» 10kΩ 的電阻；R2。
» 無銲麵包板
» 塑膠光纖，長約 1m，Jameco 2.2mm 或是類似的款式。
» 釣魚用鉛鐘，鉛或鋼製，中間有個洞
» 小型鱷魚夾（2）
» 可容納 2 個 AAA 電池的電池盒

工具
» 資料記錄器（非必要）
» 熱熔槍

Make an Experimental
Optical Fiber
Seismometer

文·圖：佛里斯特·M·密馬斯三世　譯：呂紹柔

製作一臺光纖地震儀
用這臺靈敏的DIY裝置來探測地震、山崩或爆炸

佛里斯特·M·密馬斯三世
FORREST M. MIMS III
（forrestmims.org）除了身為一位業餘科學家之外，更是勞力士獎的得主，被《發現》雜誌譽為「科學界最頂尖的50顆腦袋」之一。他的著作暢銷超過七百萬本。

　　火山爆發、地層錯動、爆炸、山崩、鑽挖，甚至連交通都可以造成地殼的震動，這又稱為地震活動或地震。地震儀透過機械或電子方法偵測懸浮質量的運動，可應用於探測地震活動上。手機與電視遊樂器裡的微型加速器也具有微量可移動的質量，可以用來偵測動作，甚至是地震活動。

光纖地震儀

　　我兒子艾瑞克·密馬斯念高中時製作了一臺新奇的地震儀，他把光纖擺式系統掛在鋼製方框中，並將其固定在房間地毯的厚實混凝土地板上。光纖的末端掛有擺錘，其位置正好在LED針孔裝置的正上方。地震活動會造成光纖的末端在針孔上方前後搖擺，而另一側的光電二極體便能偵測到光線明暗的變化，將訊號經過放大器後傳送到艾瑞克設定成記錄器的印表機上。這個簡單的設備曾探測到地震，以及兩次位於內華達州地底下的核武測試，讓艾瑞克贏得許多聖安東尼奧阿拉莫地區的科學與工程獎項。

打造一臺光纖地震儀

圖 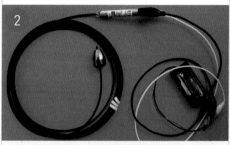 是改良自艾瑞克光纖地震儀的草圖兼電路圖，改成釣魚用的鉈鐘、雷射筆或雷射二極體模組，並將光電二極體或微型太陽能電池連接至放大器上。把光纖置入雷射筆開口端且用熱溶膠固定，再把光纖的另一端穿過子彈型鉈鐘中間的洞，同樣上膠固定（圖 ）。

在無銲麵包板上接好測試電路（圖 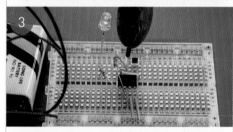），雷射光會穿過光纖附有重量的那端，並使光電二極體偵測到光線。光電二極體的光電流透過 TLC271 運算放大器放大後，其增益大小由 R1 電阻決定，電阻愈高，電路對光線的反應愈靈敏。當光電二極體接受到光線，紅色的 LED 就會亮起。

初始測試階段時，可把雷射放在桌上，將光纖有重量的那頭懸掛在桌邊。而偵測電路則放在地上，並調整光纖的位置，使其剛好懸掛在光電二極體的正上方。接著關掉室內全部的燈，因為外來光源會影響系統作業。雷射打開時，偵測電路的紅色 LED 應該會發亮。輕推或吹動鉈鐘，會造成光纖晃動，每一次晃過光電二極體，LED 就會發亮。

如果要偵測非常細微的運動，可將開發板與光纖尾端靠得更近些，或是用方型黑色膠帶做個針孔，把膠帶貼在光電二極體上。

如果你計劃偵測地震，可以把地震儀放置在不透光的專題盒裡或是衣櫃的地板上，甚至是房子的地下室。可以用長一點的電線連接開發板，這樣便能將 LED 設置在專題盒的外面。雷射筆的電池一下就會消耗殆盡，建議把電池拿掉，換成 3V 的電池盒，再用小型鱷魚夾連接一對 AA 或 AAA 電池。如果你的雷射筆有開關，用膠帶或曬衣夾關起來，或是選用雷射二極體取代開關鍵（圖 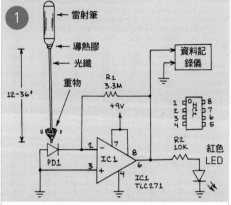）。

你可以把地震儀接上資料記錄器，以便把偵測到的運動記錄下來。圖 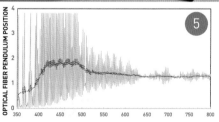 所示的是地震儀上的鉈鐘輕擺搖晃至靜止的典型圖形。這些資料是由四通道 16 位元的 Onset Hobo UX120-006 M 資料記錄器所記錄。

修改地震儀

把 IC1 的輸出端接上蜂鳴器或音頻振盪器，便能在運動發生時發出聲響。

如果你想觀察地震活動的方向性，可把光電二極體換成四象限感測器。把光纖沒有綁鉈鐘的那端放在四象限感測器每個集合點的中心，再將各個象限的感測器分別接上運算放大器，輸出至如同 Hobo 一樣具有四通道的資料記錄器中。更可以把四個小型電池盒放在同一個基底上，製作出屬於自己的四象限感測器。

抑制地震儀的擺動

由於地震儀極度靈敏，要在地震活動後把地震儀歸回原本的設定非常費時。抑制地震儀的擺錘運動可降低靈敏度，還能縮短歸零的時間，如此便能增進設備的時間解析度。

抑制地震儀擺動最簡單的方法就是將光纖變短，另一個方法是在光電二極體上放一個平底透明盒，其內裝滿乾淨的蔬菜油，再把光纖有重量的那端放進油中，盒中油的高度便決定抑制的程度。

可錄製影片的光纖地震儀

於地震活動時檢測光纖地震儀最簡單的方法，就是在搖擺的光纖下方放一臺攝影機。前一頁的照片是一張曝光 15 秒的震動光纖。我是用 Panasonic Lumix 的攝影模式來拍攝搖晃的光纖尾端。再用 Surface Pro 3 播放影片，同時使用 Sony a6000（ISO100，快門 f7）捕捉影片 15 秒的曝光。艾瑞克看到這照片時，他建議使用偵測到動作時才會開始錄影的網路攝影機，我也將這加入我的待辦清單中。

The Insomniac's Friend

失眠者的好朋友

打造可調整亮度的紅色LED夜燈，讓你睡得更好

文：查爾斯・普拉特、傑若米・法蘭克　譯：呂紹柔

查爾斯・普拉特
Charles Platt

《Make: Electronics 圖解電子實驗專題製作》的作者，此本電子學入門書適合各年齡層的讀者，續集為《Make: More Electronics》。個人網站：makershed.com/platt。

時間：
2小時
成本：
5~15美元

材料

» **白色 LED 夜燈**，如 Maxxima MLN-16，四個 10 美元
» **電線絕緣皮**，可以從 18AWG 電線取得，或使用細熱縮套管
» **LED**，紅色，最大電流 20mA，順向電壓 2V，Lite-On 網站商品編號 #LTL4HMEPADS 或類似的款式
» **微型可變電阻**，5kΩ，有多段調節，Bourns 網站商品編號 #3006P-1-502LF 或類似的款式
» **寬熱縮套管**或絕緣膠帶

工具

» **烙鐵與焊錫**
» **小型螺絲起子**
» **尖嘴鉗**
» **剝線鉗和斜口鉗**
» **熱風槍**或其他加熱工具

如果你是位失眠症患者，睡著只算贏了一半，因為要維持睡眠更很困難。

亞利桑那州的睡眠專家文森・X・葛巴赫（Vincent X Grbach）認為，如果你在半夜醒來，任何白色的光源都會讓大腦誤以為新的一天已經展開。換句話說，如果你在凌晨看電視，或是開燈去上廁所，不管你身體有多累，你可能仍會感到清醒。

理想上，紅色的光源能讓你維持在昏昏欲睡的狀態。

這讓我們好奇是否有紅色的夜燈，答案是：有，也沒有。有些可發出彩虹七色的夜燈裡就包含紅色，還可以選定使用，但通常這種夜燈都很亮，即使是紅光也不應該太亮。我們想要的是可以調整亮度的紅光，由於遍尋不著，我們便決定自己動手做。

• • •

最簡單也最經濟實惠的方法就是拿現成的來改裝。你可以在Walmart、Target和Lowe's找到一種會隨著周遭環境變暗而自動調整亮度的白色LED夜燈，一組四個約10美元。

雖然這些商品外型看起來都一樣，但有些使用表面黏著型LED，有些則使用一般具有長針腳的LED，但別擔心，在此會示範如何改造這兩種市售夜燈。

首先，有一件很重要的事情要警告大家：在改造夜燈的過程中不要插電。不管你多麼小心，都請不要在完成組裝前測試你的夜燈。

圖 Ⓐ 為有透明燈罩的夜燈取下燈罩的樣子，你可以看到一顆表面黏著型LED（小小的黃色方形物），把夜燈轉個方向，你可在插頭間看到固定的螺絲。取下螺絲後，便可拆掉夜燈的塑膠前罩。

LED的兩側表示都會有正（＋）、負（－）記號方便你判別，先用紅筆在正極做記號，再剪斷

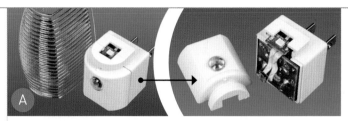

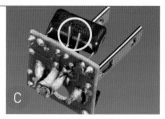

A 白色LED夜燈，最左邊為透明燈罩，右半部則是拆掉外殼後的模樣。

B 使用一般LED的夜燈，已拆下夜燈外殼。

C 剪斷電線後，就可以解焊LED了。

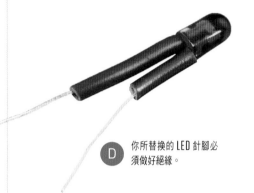

D 你所替換的LED針腳必須做好絕緣。

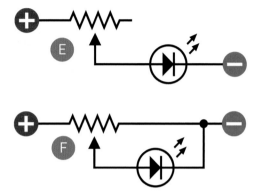

E 在這張電路圖中，可變電阻的功能為串聯電阻。

F 用可變電阻做為分壓器，能讓昏暗光線下的明暗差異更明顯。

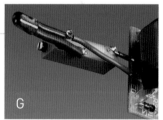

G 將LED和可變電阻焊到開發板的輸出端上。

H 用熱縮套管為新組裝好的LED做好絕緣。

電線，便可移除小小的LED。

如果你用的夜燈類型是使用一般LED的話，你也可以用一樣的方法拆解，但LED會被包覆在獨立的塑膠外殼內（圖B）。雖然上面沒有標示正負極，但是LED外殼邊緣較平坦的那側就是負極，一樣做個記號再剪斷電線，如圖C所示。

接下來的步驟兩種類型的夜燈都適用，你需要一個通用型的紅色LED，如Lite-On LTL4HMEPADS，適用2.1V順向電壓和20mA順向電流，我們測試的夜燈支援約3.2V。但我們發現使用12mA電流時，紅色的LED會把電壓降到接近2V，剛好是理想的狀態。

絕緣是很重要的，如果夜燈內部電路短路，有可能造成屋內的電流通到不該去的地方。用熱縮套管或18號電線上拆下來的絕緣皮來保護LED的接腳（圖D）。

電路有兩種選擇可以調暗光線。圖E所示是用可變電阻當作串聯的電阻，圖F則是把可變電阻當作分壓器。由於LED的內電阻會隨電流改變，因此串聯的電阻很難在光線較暗時表現出明顯的差別，所以我們使用的是後者。

我們用的是5KΩ微型可變電阻（型號：Bourns 3006P-1-502LF），依照圖G的做法裝上LED。用尖嘴鉗把電線的尾巴捲到可變電阻的針腳上，這樣會比較好進行焊接。

最後把可變電阻和其外露的引線包進寬熱縮套管（圖H）或絕緣膠帶內，最後再將夜燈裝回去（圖I）。

組裝好並插上電後，用你的手指蓋住光敏電阻，當你調整可變電阻時，應該會發出紅光，如此一來你便能按照自己的喜好，隨心所欲地控制LED的明暗。

如果你有耐心且細心之外，又有一雙穩健的巧手，你可以替放進塑膠外殼中的可變電阻鑽個小洞，方便你從外部調整可變電阻。如果你想要有更朦朧且更放鬆的光線，另一種方式是把夜燈的螺紋透鏡換成半透明塑膠管，只要將透明塑膠管的內層用砂紙磨過，就變成半透明的了。

不管你是用什麼方式組裝，你都可以調整燈光，讓紅光亮度恰好足夠你看清楚四周環境，又能讓你維持在昏昏欲睡的狀態。而且如果你的大腦對這朦朧的光線有反應，它想到的應該也會是日落而非日出。

I 完成！可變電阻上的旋鈕可以調整明暗。

看更多圖片，並在makezine.com/go/insomniacs-friend分享你改造的夜燈。

Battery Testing Tweezers

文：尚・麥可・雷根
譯：呂紹柔

測試電池用鑷子 在彈指之間檢測鈕扣電池

時間：
2小時
成本：
5～15美元

材料
» 焊接散熱夾，常閉／按下撐開（2）
» 絕緣支架，10mm（2），附螺絲
» 環形舌片端子，#8，適用在美國線規 22-16 號線（4）
» 紅色 LED，5mm 廣角（2）
» 熱縮套管，1/8" 和 3/8"

工具
» 筆刀和剪刀
» 槌子、尖嘴鉗、銼刀
» 雙面膠（選用）
» 尺和馬克筆
» 1/8" 和 13/64" 鑽頭
» 小的十字頭螺絲起子
» 焊接工具
» 打火機

**尚・麥可・雷根
Sean Michael Ragan**

（ smragan.com ）
是一位作家也
是化學家，更是
《MAKE》的長
期撰稿人。他的作品曾被刊登在
《Popular Science, Chemical &
Engineering News》和《華爾街日
報》中。

由於手錶電池和其他「鈕扣電池」太小，很難用電壓探針夾住，因此很難檢測它們的電量。這個工具可以讓你輕易夾住電池。只要輕輕壓著，LED 就會告訴你電池的極性，並透過亮度顯示電量。

拉直散熱夾

將常閉式焊接散熱夾的前端解開，再把塑膠絕緣體剪開並丟掉。用手把中間彎曲的部分拉直，然後在堅硬的表面上用槌子把整條散熱夾槌平。

用尖嘴鉗夾住其中一端接近中間較粗的部分，同時用手抓住另一端前後折，直到金屬從中裂開為止。把碎片丟掉後，用銼刀打磨邊緣，另一端也重複這個動作。

鑽洞

在兩片槌平的散熱夾片上，從磨圓的那邊畫出約 2" 長的中線，並在 3/16"、13/16" 和 1 7/16" 處打勾標記。

在每一個標記的地方鑽出直徑 1/8" 的孔，但正中間的洞大小要擴至直徑 13/64"，以便安裝 LED。

安裝第一個 LED

將一片散熱夾片、兩個絕緣支架、四個環形舌片及四個螺絲組裝在一起，如圖所示（圖 A）。從內側將 LED 安裝到最大的孔中，並

把較長的針腳折起來，塞到朝前的環形舌片的孔中，如果有需要的話可以修剪針腳再焊接固定。

將直徑 1/8" 的熱縮套管剪成 3/8" 長，套住剩下外露的 LED 針腳，加熱使其包覆後，再將針腳折起來，並把末端的裸線塞進絕緣支架另一側的環形舌片孔中，焊接固定。

重複步驟

把第二個散熱夾片安裝至絕緣支架上，暫時先把第一個夾片拿下來。重複步驟三安裝第二個 LED。

把第一個夾片裝回去並將螺絲鎖緊，把 1 3/4" 長的直徑 3/8" 熱縮套管從正面套到兩片夾片上，並加熱使其收縮。

測試電池

使用方式是將鈕扣電池夾在散熱夾片間。如果兩顆 LED 都沒有亮，表示電池沒電。如果其中一顆 LED 亮了，那一面就是電池的正極。如果燈非常亮，表示電池發出 3V 或接近 3V 的電壓（圖 B）。如果燈較微弱，則表示電池約剩 1.5V。如果你需要精準的測量，只要再加上電線和香蕉塞，將散熱夾片接至三用電表即可。 ✦

A

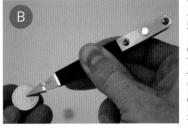

B

完整的步驟圖片和訣竅請至專題網頁make-zine.com/go/battery-testing-tweezers。

Hep Svadja (top); Sean Michael Ragan (A, B)

傑森・波爾・史密斯
Jason Poel Smith
在《MAKE》上分享一系列〈如何DIY和解決方法〉的影片。他有一個50％的機械工程肄業學分。

時間：
1～2小時
成本：
60～80美元

材料
» 落地燈，有5組可調整的燈
» 5個彈簧夾具

工具
» 電鑽與鑽頭組
» 尖嘴鉗
» 金屬剪

文：傑森・波爾・史密斯　　譯：黃涵君

Super-Size DIY
Helping Hands
超大尺寸DIY幫手 將落地燈改造成一組多功能的工具

輔助夾座是款相當好用的工具，但是它們時常因為尺寸較小而限制了其頗具潛力的應用性。所以我決定打造一套更大更強壯的版本，讓你能夾住更大的物體及做出更大範圍的動作。

1.取下外殼
打開未插電的地燈主體，並將燈與支架分離。

2.移除所有電線
將電線分開，並移除電源開關，再將供電用的主電線從支架底部拉出。

3.移除燈泡跟燈罩
鬆開固定電燈泡和燈罩的塑膠螺帽，便可取下燈罩。

4.移除燈座
如果你很容易地鬆開燈座，那算你好運。但不幸地，有些電燈無法輕易地拆下燈座，所以拆解起來可能會稍微激烈一點。

5.在夾具上鑽洞
找一個符合燈臂鎖點的鑽頭，而我用的地燈正好都有一組標準接頭和螺絲，所以我選用了$^3/_8$"的鑽頭。

6.將夾具安裝至燈臂上
為了簡單化，我使用原本安裝在燈座頭的固定件。

7.重新組裝支架
將地燈外殼組裝回去，並使用螺帽固定。最後，再將燈臂裝回支架上。

現在你便有了一組大型幫手工具。可以用它夾著你的工具、手電筒、說明書，甚至是飲料也行。◑

若需要影片或是更詳細的步驟，請至
makezine.com/go/xl-help-hands.

Hep Svadja

Toy Inventor's Notebook

玩具發明家的筆記 客製化熱縮小圓片

文、圖：鮑勃‧納茲格
譯：黃涵君

時間：
1～2小時
成本：
5～10美元

本文將告訴你如何改造一款經典遊戲──**挑圓片（Tiddlywinks）**，此遊戲有一組不同顏色的小圓片。使用你的壓片（Squidger，一個較大的塑膠圓盤或模型）壓住或刮過小圓片（wink，較小的圓盤）的上層。當你擠壓小圓片的邊緣時，它就會輕彈到空中。只要多練習，就可以讓小圓片精準地彈進目標杯中。

我們可以使用熱縮片，如同在手工藝商店看到的Shrink Dink或類似的產品來創造屬於自己的客製化壓片和小圓片。你也可以用永久性的麥克筆在圓片上畫出你自己的設計並塗色。複製你的設計也非常簡單，只要將透明的熱縮片放在原始的設計上，描著畫就可以了。更可以用電腦創造你自己的設計，再使用特殊的收縮膜噴墨印刷。但要記得你的設計會縮小到原本尺寸的 $1/2$ ！

之後使用剪刀或筆刀將切割下來，再來使用你在《MAKE》國際中文版Vol.11製作的燈泡簡易烤箱（ makezine.com/projects/ez-make-oven ）縮小熱縮片。你也可以使用熱風槍或廚房的烤箱，廚房烤箱的溫度需定為325°F（約160°C）。當這薄薄的聚苯乙烯膠膜縮小時，其厚度會增加到 $1/16$"，緩慢且平均的加熱可以防其捲曲。

當它冷卻後，你便擁有一組精緻又耐用的塑膠小圓片和壓片。

網路上可以看到許多挑圓片的變化版跟戰略，可試試看空降壓制（squop，將你的圓片壓到對手的圓片上，使其無法在遊戲中使用。）但小心別彈出場外（scrunge，彈出目標杯之外──喔喔！慘了！）。

在你自己圓片上繪圖並沒有任何限制，主題可以是運動、電影、漫畫或將它們混搭。當你做自己的圓片時，並不會受限於官方授權版本，像是星際大戰版的憤怒鳥籃球挑圓片？有人想一起玩嗎？ ◐

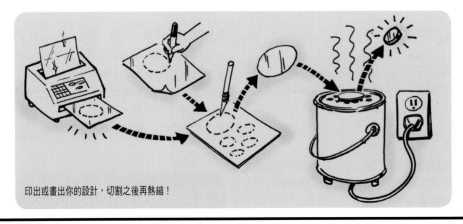

印出或畫出你的設計，切割之後再熱縮！

可至專題的網頁makezine.com/go/tid-dlyshrinks分享你的挑圓片設計。

MAGICFIRM ZYYX

只要稍微調整感測器就能讓這臺功能完整的機器效能提升一個檔次。
文：麥特・史特爾茲　譯：屠建明

這臺瑞典版的 Replicator 在我們多數的測試中都表現良好，而且具備其他複製版所沒有的附加新功能。ZYYX 嘗試用這些升級功能來推動桌上型3D列印，但會不會操之過急呢？

除了完全包覆的成型空間，ZYYX 還採用裝有碳濾網的排氣風扇來降低氣味。這在進行 ABS 列印時是項很好的功能，但可惜的是 ABS 也需要加熱平臺來防止彎曲，但 ZYYX 並沒有加熱平臺的功能。

過度敏感

因為有整合感測器和程式碼，成型平臺校正不會是問題。成型平臺上的三個切口能讓列印噴嘴降到低於平臺，用來偵測列印表面品質的按鈕，在列印過程中不用移動平臺就能和平臺接觸。這個按鈕還有次要功能：便是偵測列印成品高度是否過高而需要暫停，預防過度彎曲所造成的列印失敗。理論上，這是很好的功能，但執行上有問題：輕微的彎曲情形不時會觸發感測器，進而拖延列印工作。在暫停太多次後，我決定停用感測器（還好只要拔除連接開關的線路就行），列印就成功了。

線材偵測

ZYYX 在線材軸和列印噴頭之間有一個線材感測器，它會偵測阻塞並暫停列印。這是一個省時又省料的功能；在測試過程中，有一次列印工作因為線材軸的纏繞而暫停，原來是連接感測器和列印噴頭的一條進料細管產生過度磨擦而造成擠出不完全，一把管子移除就解決這個問題了。

結論

整體而言，ZYYX 是一款功能完整的機器，集合進階切層軟體 Simplify3D 來進行高品質的大型列印。不過仍希望其團隊能解決感測器的問題，讓這臺機器用起來更順手。◆

機器評比	0	1	2	3	4	5
垂直表面精緻度						
水平表面精緻度						
尺寸精確度						
懸空測試						
橋接測試						
負空間公差						
回抽測試						
支撐材料						
Z軸共振測試						

總分 27

製造商　Magicfirm
測試時價格　$2,077
最大成型尺寸　270×230×195mm
列印平臺類型　無加熱玻璃與特製塑膠塗層
線材尺寸　1.75mm
開放線材　有
溫度控制
工具頭有（最高溫度240°C）
離線列印　有（SD卡）
機上控制　有（LCD與控制按鈕）
控制介面/切層軟體　Simplify3D
作業系統　Linux、Mac、Windows
韌體　開放，Sailfish
開放軟體　無
開放硬體　無
最大分貝　51.2

zyyx3dprinter.com

專業建議

如果時常因為系統誤判列印失敗而造成列印暫停，可以把感測器拔除，但下一項列印作業前務必接回去，否則噴頭會在自動校正時產生碰撞。

購買理由

包覆式的列印空間和氣體過濾是很貼心的設計，而且額外的感測器不但能夠校平列印平臺，更能偵測列印成品有無鬆脫或過度彎曲，甚至是線材是否阻塞。

試印結果

麥特・史特爾茲
Matt Stultz

是《MAKE》團隊中對於3D列印及數位製造的第一把交椅，同時他也是3DPPVD與 Ocean State 自造者工坊的創辦者與召集人，他大部分的時間都待在羅德島的自造者工坊中敲敲打打。

Matt Stultz

ZYYX的線材感測器能偵測阻塞，進而暫停印表機的作業。

WOODOWL OVERDRIVE 大型孔鑽頭

75美元（每組6件）：woodowl.com

當我很順手地將一把WoodOwl的木工鑽頭從可轉式套筒取下時，馬上對它著迷，因為它有項突出的設計：可快速且輕鬆的更換小型鑽頭夾頭（ $3/8$ "的也行）的 $1/4$ "六角柄。最近我常用一臺有強大電池的小型電鑽，讓我可在狹小的空間鑽孔和鎖螺絲，所以我覺得六角柄非常好用。

這組日本製的鑽頭共有6種直徑，從 $1/2$ "到 $1 1/4$ "，也有單一尺寸和3件組可以選購。我用1×4的廢棄木材測試這些鑽頭，發現用起來又快又輕鬆。另一個好用的功能是可以鑽入標記中心點的三尖木工鑽頭，有助於提升精確度，並讓鑽孔削邊能更順暢。我特別為偏好現代、輕巧、符合人體工學且性能強大的電鑽使用者推薦這組鑽頭。

——馬帝・馬爾芬

認識大型孔鑽頭

文：克里斯・懷斯巴特

鏟形鑽頭：鏟型鑽頭切割快速且可自定中心。僅適用木材及塑膠，但不適用金屬，而且缺點是容易鈍化，所以價格較便宜。

螺旋鑽頭：用於鑽較深又重複的孔。溝槽有助於排出碎屑。壽命比鏟形鑽頭長，但價格較高，且直徑選擇有限。

孔鋸：具有柱型的鋸齒刀片，連接於鑽頭軸心。可用於金屬，但鑽深孔時常會彎曲（並可能扭傷手腕）。

圓孔鑽頭：特別之處在於能夠切出平底的孔。適用於安裝需要鑽入厚木材的設備，但價格昂貴。

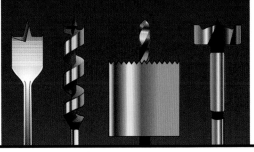

Hep Svadja

James Burke

KLEIN JOURNEYMAN
T型球頭六角扳手

50美元（公制8件組）；65美元（英制10件組）kleintools.com

　　六角扳手能提供良好的扭力和精確度，但有時很難深入狹窄部位。還好，有一種工具可以讓你從側面伸入：球頭六角扳手，但簡單的六角扳手不一定有辦法應付大場面。

　　我用的是Klein Journeyman T型球頭六角扳手，難以伸入的部位，球頭可以輕鬆進入並以非尋常的角度旋轉螺絲。需要使用最大扭力時，只要把扳手換邊，以較短的直角六角起子來旋轉，便可取得更佳的施力。它那符合人體工學把手很好握，當你需要進行精密且準確的操作時特別好用。

　　這一系列的扳手可以個別購買；買整組會贈送高級金屬架，可以放置於工作臺或安裝於牆面。有各種尺寸可以選擇，分為公制及英制（以英吋為基準）單位。

——丹・麥克希

A2Z快速更換
車床夾刀柱

100美元：a2zcorp.us

　　多數的家用車床有一個共通點，就是隨附的切割工具架很陽春。雖然可以妥善固定工具，但使用起來有些不方便，因為需要墊圈和一些變通方法才能對準中心。使用者們通常很快就會開始盤算要購買快速更換夾刀柱（QCTP）。

　　如果你用的是桌上型車床，例如Sherline或Taig等品牌，那A2Z出品的QCTP絕對值得你考慮。我三年前為我的Sherline車床買了一組，發現非常適合我在Clickspring公司時進行的精密金工作業。我從此不用再把時間浪費在更換工具後設定中心高度，因為我常用的切割工具都已經裝置在各別的工具架，隨時可以出動。

　　燕尾和活塞式的設計很完善且耐用（材質為6061陽極氧化鋁），儘管使用多年後，我的夾刀柱雖然有些傷痕，但並不影響功能。對它的小尺寸而言，工具架位置的可重複性很突出，而且整體結構的堅固程度足以和Sherline的機臺匹配。

　　A2Z也為其他尺寸的車床生產QCTP，每組都包含夾刀柱、兩個標準工具架、一個滑桿架和切刀架。

　　如果你重視工作室的便利性，可以考慮看看。

——克里斯・B

POLOLU ZUMO
32U4機器人

99美元（套件）；
150美元（預先組裝、附馬達）：pololu.com

　　Pololu的最新一代可程式化「相撲」型機器人平臺Zumo 32U4不單是為了相撲機器人競賽設計，更是一款升級且功能完整的學習與實驗平臺。

　　首先，它採用和Arduino相容的Atmega 32U4微控制器進行驅動。並具備自主導航的感測器，包含機器人前方及側面的紅外線距離感測器、循跡感測器陣列、三軸加速度計、羅盤和陀螺儀，甚至還有正交馬達編碼器。使用者介面有三個PCB按鈕、重置與開關鈕，以及小巧又好用的LCD顯示器和可以播放音樂的揚聲器。

　　Zumo 32U4有一個雙馬達追蹤驅動系統，速度快且可以處理小型障礙和坡度合理的上坡。

　　真正的樂趣可從Pololu的範本程式開始，我最喜歡的是自我平衡程式。這個範本程式需要移除正面的推刀（由兩個十字螺絲固定）和循跡感測器陣列（拆裝無須工具）。看機器人用前輪平衡樂趣十足，同時展示這個平臺還具有相撲機器人之外的能力。對一個沒有認真研究過Pololu前幾代Zumo機器人的我而言，真是大開眼界。

　　Pololu的Zumo 32U4以兩種形式販售：需要焊接和自行選購微齒輪馬達的套件和三種預先組裝的選項（有不同馬達速度和扭力）。

——史都華・德治

ACTOBOTICS SCOUT ROVER
底盤

170美元：servocity.com

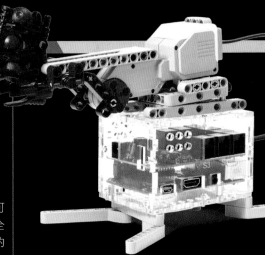

　　這款堅固的低底盤可以當成耐用又酷炫的機器人底座。最明顯的特徵就是那有顆粒的4.3"越野輪胎，採用高抓力橡膠覆蓋泡棉墊製成，讓機器人可以抓住地表平穩地前進。每個輪子都連接624 rpm的金屬行星齒輪馬達，提供卓越的越野性能。

　　7.5"×10.5"的上下面板為1/4"ABS材質，具有Actobotics的孔洞配置，方便安裝硬體。面板的距離是1.32"，Actobotics的安裝支架可裝在這個空間，方便機器人的改裝。其實除了ABS面板，這款底盤的所有零件都是標準的Actobotics產品，方便使用者混搭。

——約翰・白奇塔

LEATHERMAN
工具手鍊

165美元：leatherman.com

　　我有很多喜歡這個產品的理由，但也是我不會真的配戴它的原因：它是一款既笨重又高調的男人珠寶。戴上後會感覺像個壯漢，同時又在它的氣勢下顯得矮小。究竟它會突顯你的氣勢，還是放大你的瘦小呢？不論如何，它都會是一個風格的標誌，因為這款工具手鍊並不是個實用的工具。雖有萬用的面向，但你必須忍受隨時夾到手毛、挫傷你的手腕和金屬引起的皮膚不適（不過很快就會習慣了）。上面的工具固然好用，但不好施力，也不方便進入狹小的地方。調整大小的機制（裝拆鍊條和半目鍊條）也相當不精準。如果不是為了新奇而買，還是改用口袋型工具組比較好。

——納森・赫斯特

DEXTER INDUSTRIES GOPIGO

200美元：dexterindustries.com/gopigo

　　用Raspberry Pi機器人進行的教學可能有難度，因為不僅老師和學生都要完全掌握Raspberry Pi，還有很多機器人的問題要解決，例如該買哪些馬達和輪子。GoPiGo幫你簡化這個過程，它提供了建造一臺Raspberry Pi機器人所需的一切。套件包含一臺Raspberry Pi B+、雷射切割底盤、超音波感測器、Wi-Fi接收器、馬達與輪子，當然還有能讓你輕鬆接上馬達的Raspberry Pi開發板。

—— JB

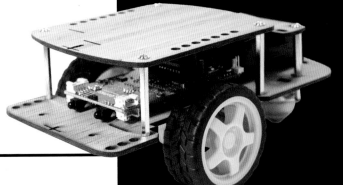

DEXTER INDUSTRIES BRICKPI

170美元：dexterindustries.com/brickpi

　　BrickPi能讓你以Raspberry Pi做為大腦來控制Lego Mindstorms馬達和感測器；基本上就是取代機器人原本的控制器。除了可以控制四個Mindstorms馬達和四個感測器之外，BrickPi更擴充了Raspberry Pi的GPIO腳位，能控制非Mindstorms的電子元件，例如馬達和感測器。光是能夠升級Mindstorms不突出的無線功能就是一大優勢。這款入門套件包含除了Lego零件之外你需要的所有東西。

—— JB

TELEVUE光學望遠鏡配件

望遠鏡接目鏡在近年有很大的進展，從光學清晰度、鏡片塗層到視野和適眼距等方面都有。接目鏡的品質是依沒有出現的確點來評斷：模糊、反光和其他失真。如果你有散光，可以參考Tele Vue的散光矯正鏡片（本頁底），再諮詢眼科醫師來選購。

——麥可‧A‧科溫頓

DELITE望遠鏡接目鏡

250美元：televue.com

提供焦距（MM）：7、11、18.2（測試結果）
鏡筒直徑：1¼"（31.7MM）
目鏡視野：62°
適眼距：20MM

從我裝有Tele Vue最新的18.2-mm DeLite系列接目鏡的Celestron EdgeHD望遠鏡上看出去，我發現這是我用過缺點最少的。星星在中央90%的視野都很尖銳，而且影像明亮且對比高。這款接目鏡很穩固，而且鏡片有抗反光塗層。眼睛的位置也很舒適，而且不難找到。

現代的接目鏡都有很廣的視野和寬大的適眼距，也就是說不需要勉強把眼睛擠進一個小洞裡。以設計師Paul Dellechiaie命名的DeLite系列是考量自成本、體積和視野間的卓越產品，並維持一定的光學品質；雖然更高的價格和更大的體積可以換來更廣的視野，但不一定有更清晰的影像。

頂尖的接目鏡無法解決望遠鏡本身的光學限制（針對這種問題可以參考Tele Vue的Paracorr鏡片，至少適用快速牛頓式反射望遠鏡），但如果想要把望遠鏡物盡其用，DeLite接目鏡會是睿智的選擇。

——MC

DIOPTRX散光矯正鏡片

105美元（多數強度）：televue.com

提供強度：
0.25D 到 3.50D (CYL.)

如果你是近視或遠視，不戴眼鏡時只要調焦就能使用望遠鏡，但如果你有散光，就必須帶著眼鏡，讓望遠鏡用起來很彆扭。就算我用最高等級的接目鏡，這種方式對視線的影響還是很大。

有了Tele Vue的DioptRx就不一樣了。它能裝在Tele Vue多數接目鏡的橡膠眼杯法蘭上（可惜和他牌產品不相容）。先購買符合眼鏡散光度數的DioptRx裝在接目鏡上，再旋轉調整影像的清晰度（散光具有方向性），焦距可以依你需求隨時調整。

眼科醫生可能會用正或負的圓柱屈光度來註明散光度數。Tele Vue的鏡片是負值的，但只要旋轉90度並調焦就和正值的鏡片相等。

效果如何呢？星星的清晰度提升了，而且我也比較不需要用更高的倍率來看雙星和行星的細節。

有一個讓我失望的地方是鏡軸沒有標記。我找到DioptRx正確方位的方法是透過鏡片看裡面的小字體，接著在鏡片架（而不是下方標記A到F的環，因為它在裝到接目鏡之前可以隨意旋轉）上做一個「此面朝上」的記號。我在外環上的相同位置也貼上了一塊膠帶，這樣在黑暗中還可以靠觸覺辨識。

——MC

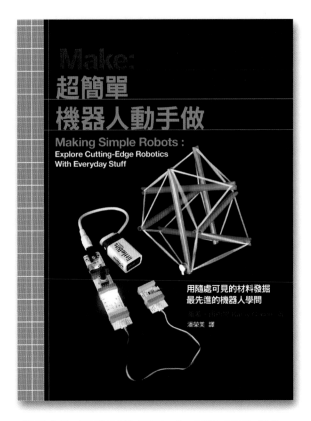

Making Makers：
讓孩子從小愛上動手做

安瑪莉・湯瑪斯

300元　馥林文化

您的孩子是自造者嗎？要怎麼樣才能讓孩子維持對世界的好奇呢？還有，怎麼樣才能培養出孩子「堅持不懈」的精神？本書有許多案例、故事和資源，希望激發您和孩子的想像力，一起創造出前所未見的東西來改變這個世界吧！

自造者運動在全球如火如荼之際，「教育」將會成為將自造者精神向下紮根的重要議題。但習慣了傳統教育體制的我們（特別是在亞洲地區），對於什麼是「Maker」，以及具體要如何做，才能激發孩子的創意、陪伴他們成長，卻仍有許多不清楚的地方。本書便是給父母以及教育者的自造者教育指南，帶領您與孩子共同探索這個世界。

要怎麼教出充滿創意、活到老學到老的孩子呢？本書作者安瑪莉・湯瑪斯（AnnMarie Thomas）博士在指導工學院學生進行專題設計時，逐漸對這個問題產生興趣。她發現許多學生都善於讀書，考試也非常在行，但是他們從來不曾自己「動手」做出作品，這對學生的執行力造成很大的限制。於是安瑪莉開始訪問了許多「自造者」，試圖找出讓他們變成「物件製造者」的童年經驗；她的訪談不僅挖掘出許多精彩絕倫的頑皮故事，更一再地印證她的主題——「從小動手做」的重要性。身為人母，安瑪莉也把訪談學到的事情應用在自己孩子的教養上，希望也可以培養出小小自造者！

超簡單機器人動手做

凱希・西塞里

420元　馥林文化

本書以平易近人的文字帶領讀者從基礎勞作出發，一步步走向時下藝術家與發明家開發的尖端產品。在本書當中，你將會學習如何讓日式摺紙作品「動」起來、透過3D列印技術輸出「輪足」機器人、或者寫程式讓布偶貓眨眨牠的機器眼。在每一個專題當中，我們都會提供詳細的步驟說明，除了文字之外，也有清晰易懂的圖表和照片輔助，在每一個專題最後，我們也會提供專題修正的建議以及拓展延伸的可能性，這樣一來，隨著技巧和經驗更上層樓，你可以一次又一次改善研發，使得專題更加豐富多彩。

如果機器人的「大腦」可以跟郵票一樣大，那麼，機器人的身體就有很多可能的素材了，不管是軟質的聚合物、折紙，甚至是可以彎曲而不會折斷的纖維材質都可以用來做出機器人。過去，用這些材料製作機器人的想法簡直就是癡人說夢！時至今日，不管是中學生還是業餘玩家，都可以輕易地找到3D印表機、雷射切割機等工具來打造機器人，更別提大學中商業導向的實驗室了，實驗室的經費和設備和業餘玩家更是不可同日而語。而這些新型的機器人不但有彈性，也很容易取代，如果這個設計不管用，只要改動一下，就可以輕易拼湊出新的設計。

Python×Arduino 物聯網整合開發實戰

普拉提克・德賽
490元　碁峰資訊

從使用Arduino來設計硬體專題開始，本書會告訴您用來開發複雜雲端應用所有需要的東西。您會以循序漸進的複雜度來深入探索不同領域的主題，最後做出可應用於真實世界中的專題。您很快就能學會如何開發使用者介面、圖表、遠端存取、訊息通訊協定與雲端連結。每個成功的主題都會搭配多個範例，能幫您開發出劃時代的硬體應用喔！本書可以幫您：使用Arduino來設計並開發您專屬的硬體原型、使用Firmata通訊協定和Python讓Arduino能與電腦互動、開發圖形化使用者介面來控制您的元件與圖表，實現感測器資料視覺化、實作用於Arduino通訊的傳訊通訊協定、將您的硬體與雲端服務結合。

Windows 10 IOT 物聯網入門與實戰——使用 Raspberry Pi

柯博文
580元　碁峰資訊

需要一個可管理和安全的運作系統，而Windows將是能滿足這個目標的OS。能在熟悉的作業系統和使用成熟的C#語言開發專案，並在眾多硬體，如Raspberry Pi上執行，讓企業與開發者省去開發時間，並提升效率。本書從入門切入，簡介Windows 10 IoT Core、可支援的硬體、安裝與執行、程式開發、（GPIO接腳、燈光、馬達）控制、脈衝Pulse輸入和輸出、通信資料傳遞……，以及透過手機進行家電控制等互動專案實作，讓您立即跨入最熱門的物聯網技術應用。

LinkIt ONE 物聯網實作入門（增訂版）

曾吉弘、顏義翔、陳映華
480元　購書請洽馥林文化

LinkIt ONE 是 MediaTek 與 Seeed Studio 特別針對穿戴式裝置與物聯網應用所設計的Arduino 相容開發板。具備了Wifi、GPRS、藍牙與GPS定位功能，一片滿足您對於通訊的各項需求。同時LinkIt ONE 有專屬的MediaTek Cloud Sandbox 雲端服務，只要搭配裝置ID與金鑰，您不論身在何處都可以透過網路來取得LinkIT ONE的感測器資訊，當然也可以藉由它來控制各種電子裝置，甚至家用電器。

增訂版新增Amazon AWS IoT，讓您的開發板也能連接第一線的企業級雲服務。

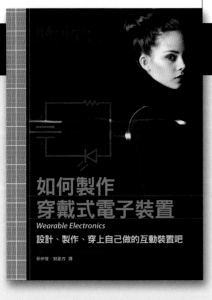

如何製作穿戴式電子裝置

凱特・哈特曼
580元　馥林文化

本書專門為那些對於身體數據計算有興趣、正在創造可存在於人體表面的連接裝置或系統的人所撰寫，尤其適合想踏入穿戴裝置領域的自造者。這本書提供了工具與材料列表、介紹可穿戴型電子電路的製作技巧，以及將電子裝置鑲嵌在衣服或其他可穿戴物件上的方法。

每個章節會有實作實驗讓你更容易瞭解這些技術，並邀請你實際動手運用這些知識來製作專題。擁有圖解步驟說明、藝術家和設計師的作品照片，這本書提供具體的方式讓你理解電子電路，和該如何運用這些技術將你的穿戴式專題從概念變成具體的作品。

自造者世代 <<<<<<<
從您的手中開始!
讓我們幫您跨越純粹理論與實際操作間的最後一道門檻

方案 A

新手入門組合 <<<<<<<<<

訂閱《Make》國際中文版一年份＋
Arduino Leonardo 控制板

NT$**1,900** 元

（總價值 NT$2,359 元）

方案 B

進階升級組合 <<<<<<<<<

訂閱《Make》國際中文版一年份＋
Ozone 控制板

NT$**1,600** 元

（總價值 NT$2,250 元）

方案**C**

微電腦世代組合 <<<<<<<

訂閱《Make》國際中文版一年份＋
Raspberry Pi 2控制板

NT$2,400 元

（總價值 NT$3,240 元）

方案**D**

自造者知識組合 <<<<<<<

訂閱《Make》國際中文版一年份＋
自造世代紀錄片DVD

NT$1,680 元

（總價值 NT$2,110 元）

注意事項：
1. 開發板方案若訂購vol.12 前（含）之期數，一年期為 4 本；若自vol.13 開始訂購，
則一年期為 6 本。
2. 本優惠方案適用期限自即日起至 2016 年11月 30 日止

Skysphere:
The Shire's Newest High-Rise
天球：夏爾的新地標

文：詹姆士‧柏克　譯：鄭宇晴

當喬諾‧威廉斯正式宣布將組裝新的天球時，整個哈比屯便開始興奮起來，討論的窸窣聲此起彼落。天球高達33英呎，兼具現代性和傳統哈比洞的舒適之處——它絕對不是一個骯髒、潮濕、還有許多蟲子在裡面鑽來鑽去的洞，而是一座位於天上、十分舒適的洞。天球裡有著溫暖的床鋪、豐盛的點心、還有一個全自動的麥酒運送系統，能將巴力曼‧奶油伯店裡最好的酒直接送到筋疲力竭的哈比人手中。

在第三紀元即將結束之時，許多哈比人開始將住所從地底下改建至地上，用磚頭取代傳統的挖掘工程。袋底洞則成為一座博物館，收藏了許多用黃金和祕銀打造的古老文物。而當第六紀元正式結束，整個哈比人社區的地景已由科技、合作公寓和更精良的釀酒工藝取代。雖然科技日益進步，但哈比人們仍然從未見過或航行於海洋，也很少出遠門旅行，那些景色他們在Instagram上就看得到了。

為了建造他的新房子，喬諾向剛鐸的人類借貸了5萬美元，開啟了他的不凡旅程。他決定親手打造這座天球，在習得偉大的焊接巫術前，就匆促地下訂了鋼材。經過了兩年又110天，喬諾的技術已達到爐火純青，成功打造出這個住所。

建成之後的某一天，喬諾坐在窗口，眺望著西方的花園。明亮的傍晚時分相當寧靜，花園裡的花閃著紅色和金色的光芒。當喬諾感受到這一天的遲暮正要開始時，他拿出了手機調整情境照明LED，讓燈光與花朵相映生輝。他隨意瀏覽了他的恐怖片收藏，想要找一部與半獸人有關的電影。雖然世界仍充滿著危險，且仍存在著許多黑暗悲慘的地方，但對哈比人來說，還是有一些美好的事物存在，如Hulu和Netflix。

最終，一些不該被遺忘的事情已然失落。歷史成了傳說，傳說成了BuzzFeed的內容。五千五百年來，至尊魔戒在袋底洞中一間充滿灰塵的房間深處，被線上知識的洪流徹底遺忘。直到有一天，當有人忽視了那「不可碰觸」的警語，想要為他的交友軟體大頭照拍一張時髦的自拍照時，魔戒將誘惑他，成為新的持有人 ●

Jono Williams

請務必勾選訂閱方案，繳費完成後，將以下讀者訂閱資料及繳費收據一起傳真至（02）2314-3621 或撕下寄回，始完成訂閱程序。

請勾選	訂閱方案	訂閱金額
☐	自 vol._____ 起訂閱《Make》國際中文版 _____ 年（一年 6 期）※ vol.13（含）後適用	NT $1,140 元 （原價 NT$1,560 元）
☐	vol.1 至 vol.12 任選 4 本，_____	NT $1,140 元 （原價 NT$1,520 元）
☐	《Make》國際中文版單本第 _____ 期 ※ vol.1～Vol.12	NT $300 元 （原價 NT$380 元）
☐	《Make》國際中文版單本第 _____ 期 ※ vol.13（含）後適用	NT $200 元 （原價 NT$260 元）
☐	《Make》國際中文版一年＋ Ozone 控制板，第 _____ 期開始訂閱	NT $1,600 元 （原價 NT$2,250 元）
☐	《Make》國際中文版一年＋ Raspberry Pi 2 控制板，第 _____ 期開始訂閱	NT $2,400 元 （原價 NT$3,240 元）
☐	《Make》國際中文版一年＋《自造世代》紀錄片 DVD，第 _____ 期開始訂閱	NT $1,680 元 （原價 NT$2,100 元）

※ 若是訂購 vol.12 前（含）之期數，一年期為 4 本；若自 vol.13 開始訂購，則一年期為 6 本。
（優惠訂閱方案於 2016／11／30 前有效）

訂戶姓名 ☐ 個人訂閱 ☐ 公司訂閱		☐ 先生 ☐ 小姐	生日	西元_____年 _____月_____日
手機			電話	（O） （H）
收件地址	☐ ☐ ☐			
電子郵件				
發票抬頭			統一編號	
發票地址	☐ 同收件地址　☐ 另列如右：			

請勾選付款方式：

☐ 信用卡資料 （請務必詳實填寫）	信用卡別　☐ VISA　☐ MASTER　☐ JCB　☐ 聯合信用卡		
信用卡號	＿　－　＿　－　＿	發卡銀行	
有效日期	＿ 月 ＿ 年　持卡人簽名（須與信用卡上簽名一致）		
授權碼	（簽名處旁三碼數字）　消費金額	消費日期	

☐ 郵政劃撥 （請將交易憑證連同本訂購單傳真或寄回）	劃撥帳號	1 9 4 2 3 5 4 3
	收款戶名	泰 電 電 業 股 份 有 限 公 司

☐ ATM 轉帳 （請將交易憑證連同本訂購單傳真或寄回）	銀行代號	0 0 5
	帳號	0 0 5 － 0 0 1 － 1 1 9 － 2 3 2